レオロジーの世界

基本概念から特性・構造・観測法まで

尾崎邦宏 著

森北出版株式会社

● 本書の補足情報・正誤表を公開する場合があります．当社 Web サイト（下記）で本書を検索し，書籍ページをご確認ください．
https://www.morikita.co.jp/

● 本書の内容に関するご質問は下記のメールアドレスまでお願いします．なお，電話でのご質問には応じかねますので，あらかじめご了承ください．
editor@morikita.co.jp

● 本書により得られた情報の使用から生じるいかなる損害についても，当社および本書の著者は責任を負わないものとします．

[JCOPY] 〈(一社)出版者著作権管理機構 委託出版物〉
本書の無断複製は，著作権法上での例外を除き禁じられています．複製される場合は，そのつど事前に上記機構（電話 03-5244-5088, FAX 03-5244-5089, e-mail: info@jcopy.or.jp）の許諾を得てください．

はじめに

　レオロジーは変形・流動を対象とする科学・技術の領域で，日本で研究が盛んになり始めた 1970 年代には，優れた入門書が出版されました．高分子の成形加工，材料開発，食品加工などの種々の分野でレオロジーが活用されるようになり，研究が進んだ結果，専門的な論文や参考書が多数出版されています．一方，専門書へ取りつくためには，1970 年代の入門書は少し物足りなくなりました．本書は，2004 年に株式会社工業調査会の勧めで，レオロジーの入門的教科書として出版されたものです．2010 年，同社で刊行を続けることができなくなり，森北出版株式会社のご好意で改めて出版することになりました．今回は誤植の訂正を除いて，改訂などはありません．

　本書は衣食住や工場での生産活動などの日常的経験や，ボイルの法則・液体の蒸気圧程度の初等物理化学の知識と，レオロジーの実用的な専門分野をつなぐ参考書・教科書を目指しています．物質のレオロジー特性の観測法，特性と物質のミクロな構造の関係を中心としているのが特徴です．特定の専門分野との実際的なつながりについては，分野によって内容・方法が相当異なっているので，本書では話題程度にとどめてあります．したがって，レオロジー入門の講義の最後の 4 分の 1 程度については，ご指導の先生の専門にお任せする形になっています．これについては，巻末参考文献の各論を参考にしていただくことができます．

　第 1 章から第 4 章までは，レオロジーの基礎として，歴史，弾性，粘性，粘弾性が概説されます．第 5 章から第 8 章までは，高分子，コロイド溶液，凝集性粒子分散系，エマルション，液晶，ゲルなどの代表的な物質について，特性と観測法を述べた各論です．第 9 章には日常的に体験しやすいレオロジーの話題や，やさしい実験などがまとめられています．巻末に理論に関する付録とレオロジーの短い用語解説を載せました．

　本書の内容の多くは，ここ 20 年程度の最新の研究結果に基づいています．最

新の成果の大半が日本の研究者によるものであることは，レオロジーを研究してきたものとして大変な喜びです．これらの研究の内容の詳細やデータの提供について，以下の研究者のお世話になりました(敬称略，所属は2004年現在)：中村邦男（酪農学園大学），小山清人，岡本健三（山形大学），土井正男（東京大学），大坪泰文（千葉大学），山縣義文（ライオン株式会社），井上正志，瀧川敏算，松本孝芳，渡辺宏（京都大学），高橋雅興（京都工芸繊維大学），四方俊幸（大阪大学），西成勝好（大阪市立大学），根本紀夫（九州大学）．学会誌からの図の引用については日本レオロジー学会の寛大な許可をいただきました．また，今回の再出版については森北出版株式会社の皆様にお世話になりました．これらの方々に心から御礼申し上げます．

最後に研究・執筆活動を終始支えてくれた妻十史子に感謝します．

2011年1月

尾崎邦宏

レオロジーの世界
目　次

はじめに

＊

第1章　レオロジーと世界 ………………………………………………………9
1. レオロジーと自然界 …………………………………………………………9
2. レオロジーと日常生活 ……………………………………………………11
3. レオロジーと産業 …………………………………………………………14
4. レオロジーと他の研究分野 ………………………………………………16
5. レオロジーの歴史と学会 …………………………………………………18
   世界のレオロジー学会　19　　　　日本のレオロジー学会　19
6. 本書の対象と目的 …………………………………………………………20
   物性としてのレオロジー　20
7. 固体の構造と軟らかさ ……………………………………………………21
   共有結合による固体　21　　　　結晶欠陥と転位線　23
   イオン結晶と金属　22　　　　　分子結晶　25
8. 液体の構造と流動性 ………………………………………………………25
   液体の粘度の温度依存性　26　　液晶　28
   過冷却とガラス化　27
9. 軟らか物質 …………………………………………………………………29
   高分子およびゴム　29　　　　　液体を含む固体構造　30
   液体中の分散物による粘弾性　29　巨視的な軟らかさと巨視的レオロジー現象　30

第2章　レオロジーの基本的な概念（1）――変形・応力および弾性
　………………………………………………………………………………33
1. フックの法則 ………………………………………………………………34
   弾性と振動　35
2. 変形とひずみ ………………………………………………………………36

　　　　3軸伸長　*36*　　　　　　　　　　　単純ずりと純粋ずり　*39*
　　　　体積ひずみ　*38*　　　　　　　　　一様な変形と一様でない変形
　　　　1軸伸長　*38*　　　　　　　　　　　　*40*
　　3．**応力**　……………………………………………………………………………*40*
　　　　観測できる応力ベクトル　*41*　　　傾いた面の応力ベクトル　*42*
　　　　法線応力と接線応力　*42*　　　　　応力の記号　*43*
　　4．**高弾性**　…………………………………………………………………………*43*
　　　　ネオ・フック弾性体の伸長特性　　　ネオ・フック弾性体のずりと法
　　　　　44　　　　　　　　　　　　　　　　線応力差　*45*
　　5．**光弾性**　…………………………………………………………………………*46*
　　　　光弾性の観測　*47*

第3章　レオロジーの基本的な概念（2）——流動および粘性 ……*49*

　　1．**ニュートン液体**　………………………………………………………………*49*
　　　　粘度の単位と運動粘度　*50*　　　　　球形粒子の分散した液体　*51*
　　　　ニュートン液体の流動の例　*50*　　伸長粘度（トルートン粘度）　*52*
　　2．**流動とひずみ速度**　……………………………………………………………*52*
　　　　伸長ひずみ速度　*52*　　　　　　　　定常流粘度　*54*
　　　　ずり速度　*53*
　　3．**粘度測定**　………………………………………………………………………*55*
　　　　回転レオメーター　*55*
　　4．**定常ずり流動のレオロジー**　………………………………………………*57*
　　　　定常流粘度の性質　*57*　　　　　　　法線応力差の測定　*60*
　　　　法線応力効果　*59*　　　　　　　　　応力の主軸と流動複屈折　*60*
　　5．**流体力学**　………………………………………………………………………*61*
　　　　ナビエ-ストークスの方程式と完　　　レイノルズ数と乱流　*61*
　　　　　全流体　*61*

第4章　レオロジーの基本的な概念（3）——粘弾性 ……*63*

　　1．**粘弾性とは**　……………………………………………………………………*63*
　　　　粘弾性固体　*64*　　　　　　　　　　粘弾性の力学模型　*67*
　　　　粘弾性液体　*65*

2. いろいろな粘弾性関数 ……………………………………………………69
  動的粘弾性　69
  動的粘弾性の意味　70
  定常流に関連した粘弾性関数　71
  測定装置　71

3. 線形粘弾性関数の性質 ……………………………………………………72
  ボルツマンの重畳原理　72
  線形粘弾性関数の相互関係　74
  緩和スペクトル　75
  便利な関係式　75

4. 固体の粘弾性 ……………………………………………………………76
  材料の力学的損失　76
  粘弾性と破壊・強度　77

5. 液体の粘弾性 ……………………………………………………………77
  液体の粘弾性パラメータ　78
  べき乗則緩和　79

6. 非線形レオロジー …………………………………………………………80

第5章　高分子レオロジー ………………………………………………………81

1. 分子の構造と形 …………………………………………………………81
2. からみ合い高分子の線形粘弾性 ……………………………………………82
  温度―周波数換算則　83
  換算因子の性質　84

3. 高分子粘弾性の4領域 ……………………………………………………85
  粘弾性と分子の運動　85
  流動領域の性質　86
  ゴム領域とからみ合い分子量　87
  ガラス―ゴム転移領域とガラス領域　89

4. からみ合い高分子の粘弾性理論 ……………………………………………89
  力と緩和の起源　89
  管模型と長い緩和時間　90
  拡散と緩和時間　91

5. 非線形粘弾性 ……………………………………………………………92
  非線形粘弾性の例　92
  階段形大変形と管模型理論　93
  連続的な大変形と管模型　95

6. 分岐高分子の粘弾性 ………………………………………………………96

第6章　固体粒子分散系のレオロジー …………………………………………99

1. 分散粒子間の力と分散状態 ……………………………………………… 99
   粒子間力の起源　99
   粒子間のポテンシャル　101
   凝集しない分散系の概要　102
2. 凝集しない球形粒子分散系 ……………………………………………… 103
   球形粒子の無秩序分散系の粘弾性　104
   球形粒子の無秩序分散系の粘度　105
   球形粒子の規則的分散系　106
3. 凝集しない棒形粒子分散系 ……………………………………………… 107
   棒形粒子の希薄分散系　107
   棒形粒子の無秩序分散系　108
   棒状粒子の規則的配列　109
4. 凝集性粒子分散系のレオロジー ………………………………………… 111
   定常流に関する基本事項　112
   構造変化に関する基本事項　113
   降伏値の観測　114
   動的粘弾性と第2平坦領域　116
   高分子による分散系制御　117
5. ER流体，磁性流体 ……………………………………………………… 118

第7章　分散物が変形する分散系 ……………………………………… 119

1. 変形する分散物 …………………………………………………………… 119
2. 液体混合物のレオロジー ………………………………………………… 120
   液体混合系の応力　121
3. 変形する粒子分散系の粘弾性理論 ……………………………………… 123
   液滴の変形と内部の流動　123
   Palierneの理論　124
   液滴分散系の粘弾性　124
   弾性体粒子分散系の粘弾性　126
   高分子溶液の粘弾性　127
4. エマルションとクリーム状物質 ………………………………………… 127
   エマルションの構造　127
   濃厚なエマルション　128
   エマルションの粘度　129
   クリーム状物質の分散媒の塑性　130
5. ミセル分散系のレオロジー ……………………………………………… 131
   ミセルの構造　131
   ひも状ミセルのレオロジー　132
   ラメラ状ミセルのレオロジー　134

6．ブロック共重合体のレオロジー ……………………………………………… 136
　高分子混合物　*136*　　　　　　　　ミクロ相分離系の塑性流動
　ブロック共重合体と界面活性　　　　　　*138*
　　136
　ブロック共重合体のミクロ相分
　　離　*137*

第 8 章　ゲルのレオロジー ……………………………………………………… 141

1．ゲルの構造 …………………………………………………………………… 141
　物理ゲルの橋架け点　*142*
2．網目構造物質の線形粘弾性 ………………………………………………… 143
　膨潤と弾性率　*143*　　　　　　　　化学ゲルの長時間緩和　*145*
　溶液架橋ゲルおよび物理ゲルの　　　　物理ゲルの長時間緩和　*146*
　　弾性率　*144*　　　　　　　　　　有限寿命の網目　*147*
3．膨潤度の変化とレオロジー ………………………………………………… 148
　応力による膨潤と膨潤による応　　　　媒体の流動による膨潤　*150*
　　力緩和　*149*　　　　　　　　　　膨張―収縮転移と応力　*151*
4．物理ゲルの大変形レオロジー ……………………………………………… 151
　澱粉ゲルの大変形応力緩和　　　　　　圧縮大変形における破壊と溶媒
　　152　　　　　　　　　　　　　　　流出　*154*
　大変形挙動の分類の可能性
　　153
5．ゲル化臨界点 ………………………………………………………………… 155
　ゲル化臨界点と粘弾性　*155*　　　　ゲル化と臨界現象　*157*
　ゲル化臨界点での大変形レオロ
　　ジー　*156*

第 9 章　やさしい観察と実験 …………………………………………………… 159

1．固体と液体 …………………………………………………………………… 159
　物の壊れ方　*159*　　　　　　　　　ガラス化と強化ガラス　*161*
　金属の時効　*160*　　　　　　　　　ベルヌーイの定理に関する観察
　セラミックと釉薬　*160*　　　　　　　　*162*

2. 粘弾性と高分子 …………………………………………………………… 163
物の弾み―弾む液体　*163*
物の弾み―弾まぬゴム　*164*
ゴムのエントロピー弾性　*165*
ポインティング効果　*166*
スライムの風船　*167*
ワイセンベルグ効果とバラス効果　*168*

3. 分散系 …………………………………………………………………… 169
表面張力とファンデルワールス力　*169*
底無し沼　*170*
澱粉のダイラタンシー　*171*
小麦粉の性質　*171*

4. エマルション …………………………………………………………… 172
牛乳　*172*
マヨネーズ　*173*

5. ゲル ……………………………………………………………………… 173
ゲルとアクチュエーター　*173*
食品のゲル　*174*

付　録 ……………………………………………………………………………… 177

A1 応力と弾性 ……………………………………………………………… 177
応力の表し方　*177*
応力ベクトルの計算例　*179*
大変形の弾性理論　*179*
テンソルによる応力とひずみの表し方　*181*

A2 非ニュートン粘度測定の原理 ……………………………………… 182
円管流動法　*182*
2重円筒形レオメーター　*184*
平行円板形レオメーター　*184*

A3 ゴム弾性理論 ………………………………………………………… 185
高分子鎖の形と張力　*185*
高分子鎖による応力　*186*
橋架けゴムの応力と弾性率　*186*

*

レオロジーの用語解説　*189*
参考文献　*206*
索　引　*207*

第1章
レオロジーと世界

　底無し沼の泥は，普段は固まっているが，かき混ぜると流れるようになる。バターはスムースに塗りつけることができて，たっぷり塗っても垂れない。スライムは指の間を流れ落ちるが，急に引っ張るとゴムのように切れて跳ねかえる。このほかにも，変形・流動の性質の奇妙なものがたくさんあり，その観察結果は，弾性力学や流体力学では表すことができない。

　このような性質を系統的に表すことができるだろうか，定量的な測定法があるだろうか，物質の構造とどのように関連しているのだろうか，その知識を応用して社会のために役立てることができるだろうか。レオロジーはこのような問題意識に基づいて，ものの変形と流動を研究する科学と技術の分野である。

　まず，いろいろな世界におけるレオロジーの立場と役割を概観しよう。

1 レオロジーと自然界

　動物や植物の体は大部分が軟らかい物質でできていて，フック弾性体やニュートン粘性体の概念では扱えない。たいていは複雑な複合構造をしており，目的にかなった力学的性質を持っている。高分子を含む関節液や卵白の粘弾性は緩衝材の働きをするし，液体中に粒子が分散したエマルションである牛乳は，

多量の蛋白質や脂肪を含むにかかわらず流れやすく飲みやすい。生物の構築する環境，たとえば菌類が繁殖中の醸造液，モリアオガエルの卵を包む泡，あり地獄などもレオロジー的に興味深いものである。

　生物関連のレオロジーは早くから注目され，「バイオレオロジー」という分野を生んだ。特に血液の流動，凝固などは重要かつ奇妙な現象とされ，「ヘモレオロジー」という独立の研究分野になっている。いずれも，医療や医療工学を支える基礎の役割を担っている。

　血液は蛋白質（アルブミン，グロブリン，フィブリノゲン）水溶液（血漿）に血球（赤血球，白血球，血小板）が分散した液体である。**図 1.1** に赤血球と血液の流れを示すように，酸素を運ぶ赤血球は中央がへこんだ円板（直径 8 μm）で，重なってルーローという細長い塊になる傾向がある。この傾向が強いと血液が流れにくくなる。流れるときには血球はばらばらに分かれ，速い流れでは変形して抵抗の小さい向きになり，流れの抵抗が減少する。また，血管の壁から離れて中央を流れるシグマ現象が生じるので，血管壁での抵抗が小さくなり，円板とあまり違わない径の毛細血管も流れることができる。管中の流れでは中央ほど速度が大きいから，赤血球の輸送量という点ではシグマ現象の役割は大きい。

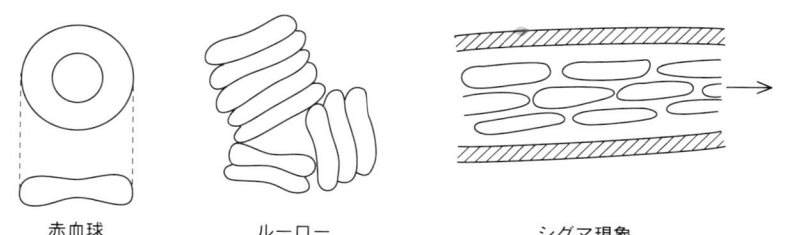

赤血球　　　　ルーロー　　　　シグマ現象

図 1.1　血液の流れ。赤血球は重なってルーローになりやすい。流れるときはだんだんはがれて，変形して抵抗の小さい向きになる。血管の壁から離れて流れるシグマ現象のために，細い血管でも流れやすい。

生体関連物質は人が活用する材料という意味でも重要である。

　木材，セルロース，羊毛などは古典的な材料である。竹材は元来工芸品や複合材料（たとえば土壁の）として用いられていたが，最近増えすぎた竹林の抑制のために，生分解性複合材料としての利用が研究されている。また，廃棄物の活用として，海産物のホヤの殻から得られる弾性率の高いセルロースや，蟹の殻から得られるキトサンの活用が考えられている。

　これらの天然材料の利用にはレオロジー的な工程，すなわち流体力学や弾性力学を超えた流動と変形の過程が必須である。絹糸の形成過程も興味あるレオロジー現象である。液晶状の絹糸液が絹糸腺を通過して引き伸ばされることによって結晶・固化する様子が解明され始めている。

　地表の構成物，岩石，土壌，水などについても，種々の断層や峡谷，河川や河川湖，海岸線，氷河や氷河湖など，レオロジー的興味をそそられる景色が多い。特に土壌については農業や災害の点で重要な研究対象であり，土壌の改良，土壌流動化の起因と防止などはレオロジーが直接関係するテーマである。石油や石炭などの資源も地表の構成物であり，独特のレオロジー的性質を持っている。旧約聖書の舞台の地域には露出したピッチが多く，トリニダッド島には巨大なピッチ湖が存在する。これらの地域やヨーロッパではピッチはかなり利用されていたようである。

　自然災害でも変形・流動は中心的役割を果たす。地震（地球表面の海底プレートの性質，断層の性質，土壌流動化），洪水，地すべり，土石流，火砕流，雪崩などである。これらの予知と防止について，レオロジー的な考え方が活用されるようになるだろう。

2　レオロジーと日常生活

　日常生活において，人体に直接かかわる衣と食はレオロジー的な営みということができる。住に関してもベッドや椅子の評価には変形性が関係しており，また建造物の強さ（たとえば耐震性）も問題になる。機能の最低限の要求とし

て，衣類は軟らかい人体に沿うように独特の変形性が必要だし，食物は適当に噛み砕かれ，唾液と混合されて飲み込まれなければならない。さらに，いずれも快適性（着心地，おいしさなど）を満たさなければならない。

着心地や舌触りなどは，衣類や食品のレオロジー的な性質に関することであるが，これらの概念は弾性率，緩和時間などという単純で基本的な性質と直接かかわっているようにはみえない。

基本的な物性と，人の感覚で評価される物性の間を結びつけるのは「サイコレオロジー」である。感覚的な評価は一見恣意的に見えるかもしれない。しかし，多数の被験者（パネリストと呼ばれる）による系統的な評価を統計的にまとめると，「喉越しがよい」というような項目にしっかりした共通性が見出され，客観的に意味のある評価項目であることが分かる。そして，そのように評価された事項と，本書で述べる基本物性との関連を調べて，喉越しのよいものを作る努力をすることができる。

食品では成功例がいくつか発表されており，羊毛を努力目標とした繊維製品についても評価法が実用化されている。また化粧品に関してもサイコレオロジーは重要である。

パネリストに種々のシロップ（ニュートン液体）を飲ませて，粘つこさの順に並べてもらう。口で粘度の大小を決めてもらうのである。その際に，流れの速度で粘度が変化する非ニュートン液体を混入しておいて，ニュートン液体の粘度と比較する。非ニュートン液体の粘度は飲み込む速度によって変化するから，飲み込み方によって違った答えになるはずである。しかし実際には，大勢の答えが大体同じになる。このことは，同じ液体は誰でも同じ飲み込み方をしていることを示している。

広範囲の液体に関する結果は**図1.2**のとおりで，0.1 Pa s 以下の低粘度の液体では一定応力になるように飲む。ビールなどは喉の抵抗が一定になるように飲んで，流速で喉越しを決めていることになる。一方，10 Pa s 以上の高粘度の液体では $10\,\mathrm{s}^{-1}$ 程度の一定速度でゆっくり飲み込んで，そのときの喉の抵抗で粘つこさを判定している。粘稠なスープはたいてい非ニュートン性だから粘度値は一言では表せないが，調理ロボットは $10\,\mathrm{s}^{-1}$ における値を判定基準にすれば，調理

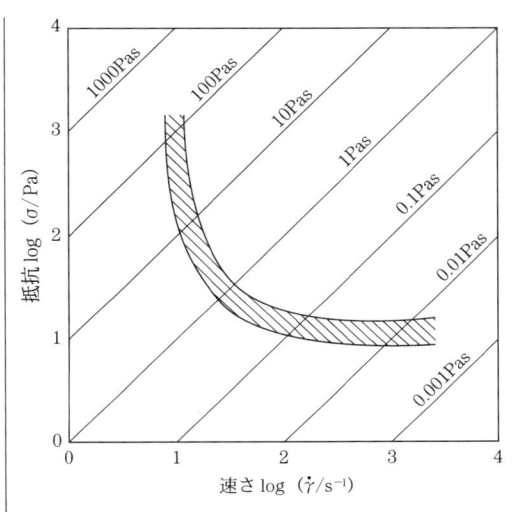

図 1.2　飲み込みの速さと抵抗の関係。斜線の数字で表される粘度の液体（左上が最も粘稠）を飲み込むときの速さと抵抗はハッチした領域で表される。粘度の高いスープなどは一定速さでゆっくり飲む。ビールなどの低粘度のものは抵抗が一定になる速さで飲み込んで，速さを喉越しで感じる。

名人と同じスープを作ることができる。

　食品レオロジーの進歩については，西成勝好，日本レオロジー学会誌，**31**，41（2003）に解説されている。

　レオロジー的感覚を意識した製品として，「ナタデココ」，「トッテモピーチ」（桃の繊維の舌触り）などのゲル食品，泡やゲル（髪に触れると溶ける）の化粧品，スライムや軟らかいゲルなどの玩具（玩具店に行って意識して探せばたくさんある），ショックのない運動靴，よく飛ばせるゴルフクラブ，心地よいマッサージ装置などがあり，生活の広がりにつれてレオロジー関連のものが増加している。

3 レオロジーと産業

塗料・印刷インキ，セラミックスの原料，セメント，モルタルなどの性質は，本書で扱う基本的なレオロジー特性が直接的に現れやすい例である。日常目に触れることのない工場の中でも，触媒粒子の分散した化学反応系，製紙用のパルプ-水分散系，上質紙に塗布するコーティング剤などは，固体粒子の分散系である。

> コンクリートの作業では細かいセメント，砂，かなり大きな砂利などの混合物を，鉄筋の間に隙間なく均一に流入させなければならないので，流動性が大切である。能率を上げるために，工事現場で水を加える不正が行われ，建物の強度が不足することなどが時々報道される。
>
> 分散系レオロジーの進歩と並行して，コンクリートの流動性研究は前世紀後半に大きく進歩した。強度上必要な水分量を変えないままで分散性を調節する流動化剤の改善が行われ，砂利，砂の比率まで最適化された高性能のセメントでは，打ち込みのための振動装置なしで流し込むだけでよくなり，自己充塡コンクリートと呼ばれた。振動装置が不要になると，そのための作業足場を組まなくてもよいというメリットがあり，レオロジー的研究の重要性を感じさせる成果であった。
>
> 塗料の溶剤は作業性が許す限り少ない方がよい。エマルション塗料は有機溶剤系の塗料粒子（液体）を水中に分散したエマルションである。粒子中の塗料は相当高濃度でも，エマルションの粘度は低く，容易に塗り広げられる。強いずりの力を受けると粒子がつぶれて，塗布面に塗りつけられる。もっとも，現在では環境問題が優先されるので，揮発性溶媒を含まない水性塗料のレオロジー研究が盛んである。

高分子材料は繊維，プラスチック，ゴム，接着剤などとしてあらゆる分野に用いられている。特に自動車，家庭電気製品などを通じて，複合化材料としての利用が進み，航空機や宇宙産業などの高度な用途にも用いられる。ひるがえ

って，高度化した材料がレジャー用品やスポーツ用品などの日常的なものにも使われる。

　高分子の成形加工ではレオロジーの応用という認識が強い。たとえば高速の射出成形の成形物は，残留ひずみによる冷却後の変形まで見こんだ形にしなければならないからである。しかし，適切な金型設計と作動条件の設定のために金型や試験機を製作して実験するのはきわめて高価である。このために，成形条件設定のための流動試験を計算機の中で行う CAE（Computer-Aided Engineering）や最適の金型などを求める CAD（Computer-Aided Design）などが，高分子の分野で大きく成長している。代表的な例を紹介しておく。［サイバネットシステム（株）http://www.cybernet.co.jp/pmd/，東レ（株）http://www.3dtimon.com/，Moldflow 社 http://www.moldflow.com/］

　　プラスチックを高温で溶融し，風船のように膨らませてビンやフィルムを作るブロー成形には，長い枝を持った分岐高分子材料が適している。高速で伸長したときに抵抗力が急激に増加して，均一に伸びるからである（第5章の「分岐高分子の粘弾性」（96頁），第9章の「スライムの風船」（167頁）参照）。このように，ブロー成形には長鎖分岐高分子特有の伸長流動硬化の性質が要求されるが，この要求は，直鎖高分子材料でも超高分子量の微量成分を加えることで解決された。微量成分は押出機内の流動や成形品の性能には影響しない。伸長変形が主になる

　　　　　通常成形用　　　　　　　　　　　ブロー成形用

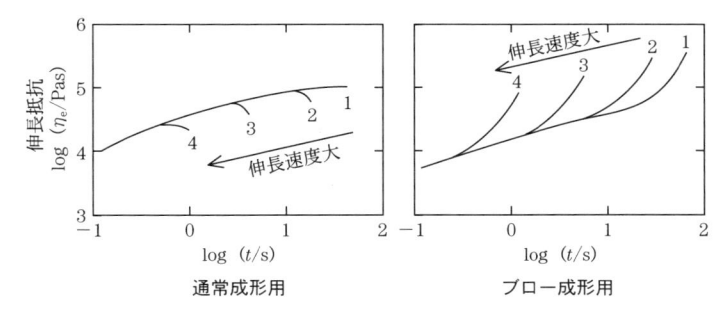

　　図 1.3　ポリプロピレンの伸長粘度の時間変化：通常成形用とブロー成形用。伸長速度が 1，2，3，4 の順に増加したときの抵抗力の時間変化を表す。高速ほど抵抗の増加が大きいブロー成形用材料は均一に伸ばしやすい。

> ブローの段階においては，超高分子量の分子が極度に引き伸ばされ，分岐高分子と同様な流動硬化現象が生じる。
> 　自動車用ガソリンタンクのブロー成形用の伸長流動硬化性ポリオレフィンは，この原理に立脚した材料開発の成功例である。自動車の軽量化などの点から，ポリオレフィン製のガソリンタンクの開発が始められたが，このような強度の必要な大型容器には，軟らかい長鎖分岐ポリオレフィンではなくて，結晶化度の高い直鎖高分子が適切である。微量の超高分子量成分の添加によりブロー成形が可能になった（図1.3）。

　日常生活でレオロジーが重要ということを述べてきたが，それに関連した化粧品，食品，医薬品，レジャー・スポーツ用品などの産業分野でレオロジーが活躍していることは言うまでもない。また，進歩の著しい医療工学では，人工の骨，筋肉，血管，心臓などはレオロジー特性が重要な構造物である。医療機器（点滴用バッグ，各種の管，縫合糸など），薬品（徐効性のための仕掛けや血液中への分散など）についてもレオロジー的な基礎知識が要求される。さらに，資源の枯渇に伴い，石油，石炭の採掘のために新たな技術が求められ，扱いにくい微粉炭の燃料化，泥炭の油化などの必要が生じ，また遠隔地からの輸送が必須になるので，種々のレオロジー的問題が発生している。

4　レオロジーと他の研究分野

　以上見てきたように，レオロジーは変形と流動の関係するあらゆる現象，材料と加工の関係するあらゆる産業と関わっている。したがって，既述の研究領域（たとえば高分子化学，医療工学など）に組み込まれていることは明らかであり，ここで改めて列挙することは避ける。もう少し一般的な領域として（特に外国の大学の学部などで）レオロジーと関係が深いのは，化学工学（Chemical Engineering）と材料科学（Materials Science）である。

　本書の主題の「物性としてのレオロジー」は，物性論という物理化学の1領

域である。通常の低分子量物質では量子力学から統計力学を活用して，たとえば固体の弾性率は理論的に求めることができる。弾性率，粘度などが与えられると，弾性力学，流体力学などで変形，流動の問題を解くことができる。高速の計算機を用いた分子動力学シミュレーションなども，どちらかといえば理論に対して補助的な役割を持っている。

しかし，レオロジーで扱われる軟らかい物質の構造は複合的なことが多く，また微視的な運動も遅いことが多いので，従来とは異なった研究法が必要である（ソフトマテリアルの物性論は新しい研究領域として，レオロジー研究者以外の研究者にも注目されるようになっている）。また，レオロジーだけでなく，物質の構造や運動に関して幅広い観測法が必要とされており，電子顕微鏡，原子間力顕微鏡，X線や中性子の散乱などは，ソフトマテリアルを対象とする観測法として重要性が増加している。

レオロジーは，サイズのスケールと時間スケールの幅が広いことから，統一的な理論が作りにくく，計算機によるシミュレーションを中心とする計算機科学の役割が大きくなっている。現在金属の領域では，結晶欠陥，転移線，塑性などの研究に分子動力学などのシミュレーションが活躍しており，金属以外のレオロジーにおいても同様な研究が進むと期待される。

> 高機能材料設計プラットフォームはNEDOのプロジェクトとして名古屋大学の土井を中心として開発された，ソフトマテリアルのための統合化シミュレーターである。ソフトマテリアルの特徴は原子・分子のスケールに比べてはるかに広い，nmからμmのいわゆるメソスケール領域の特徴的な長さを持ち，10^{-9}sから10^3sの非常に広い時間範囲が関与する点である。これを階層化してモデル計算を行うための，4個のエンジンがある。
>
> ① 粗視化分子動力学エンジン：分子動力学法の計算プログラム。ユーザーが設定した任意の分子模型に対して，流動，変形，電場，化学反応などの現象をシミュレーションする。界面近傍の高分子のシミュレーションができる点に特徴がある。
>
> ② レオロジー特性予測エンジン：レプテーション模型に基づいて，分子量分布のある高分子の粘弾性を予測するプログラム。非線形粘度，伸張粘度，分子拡

散などが計算できる（第5章参照）。

　③　界面エンジン：高分子を含む界面に対して，平均場近似に基づいて高分子の形態やセグメント分布を計算する。ブロック共重合体のミクロ相分離，高分子界面活性剤の自己組織化，ミセル化，界面への高分子の吸着平衡などの研究に応用する（第7章参照）。

　④　多相系エンジン：多相の連続体に対して，流動，変形，拡散・輸送などの現象をシミュレーションする。多相材料の弾性変形，ゴムやゲルの変形，電気化学系，マイクロ流動，相分離などを扱うことができる（第7, 8章参照）。

　これらのエンジンは個々に用いることもできるが，組み合わせて用いることにより，分子構造と材料特性の関係を調べることができるようになっている。高分子混合材料についてそのような応用例がある。http://octa.jp に情報があり，またソフトウェアをダウンロードすることができる。

5　レオロジーの歴史と学会

　レオロジーにおける画期的な進歩，重要な人物往来，産業を含めたレオロジーの各領域の栄枯盛衰などについては，それだけで1冊の著書になってしまうので割愛する。かなり詳細なレオロジー史として"R. I. Tanner and K. Walters, Rheology : an historical perspective, Elsevier, 1998"を挙げることができる。また，日本のレオロジーの草創期からの事情に詳しい研究者の回顧や解説が日本レオロジー学会誌に掲載されている［玉虫文一，日本レオロジー学会誌, **6**, 75 (1978)；中川鶴太郎, 同, **7**, 139 (1979)；岡小天, 同, **11**, 197 (1983)；小野木重治, 同, **21**, 192, (1993)］。

　系統的・網羅的な記事，年表としては，
・岡小天：「レオロジー入門」，工業調査会，1970, 第2章（pp. 26-49），
・日本レオロジー学会誌（創立10周年記念号），**11**, 218-230 (1983)，
・日本レオロジー学会誌（創立20周年記念号），**21**, 202-206 (1993)，
・日本レオロジー学会誌（創立30周年記念号），**31**, 269-279 (2003)，

において，それぞれの発行年までの歴史がまとめられている．

世界のレオロジー学会

20世紀初期の軟らか物質の研究の一つの契機は，チーズなどの生産現場で熟練工の感覚の役割を系統的に理解しようとしたことである．同じ頃，コロイド粒子による液体の粘度増加や非ニュートン粘性も注目され，軟らかい物質の変形と流動を対象とするまとまった研究領域が開けることになった．アメリカにおいてレオロジーの学会 "The Society of Rheology"（SOR）が設立されたのは1929年である．レオロジーという名称はこのときに作られたもので，ギリシャの哲学者ヘラクレイトスの "$\pi\alpha\nu\tau\alpha\ \rho\epsilon\iota$（万物は流れる；実は彼が対象としたのは物質の流動ではなくて，万物の存在形態であった）" にちなんでいる．日本ではレオロジーという言葉が定着したが，中国と韓国では "流変学" という名称が使われている．

その後多くの国や地域にそれぞれのレオロジー学会が作られた．これらの学会（現在約25ヶ国）は International Committee on Rheology を構成し，4年毎に国際会議 International Conference on Rheology を開催している．レオロジーを主題とするこのほかの定期的国際会議は，The Meeting of European Rheology Group および Pacific Rim Congress on Rheology で，3〜4年毎に開催されている．

SORは上記委員会などではアメリカのレオロジー学会として活動しているが，元来は国際的学会で，現在でもリーダー的な存在である．その年会 The Society of Rheology Meeting は盛大であり，学会誌 Journal of Rheology は会員に配布される．出版社の出す Rheologica Acta も良質の論文を掲載するが，高価であるのと対照的である．世界的なレオロジーの行事や英国，オーストラリアなどの学会についても SOR のホームページから調べることができる（http://www.rheology.org/sor/info/links.htm）．

日本のレオロジー学会

1973年に日本レオロジー学会（SRJ）が設立され，上記委員会の所属団体と

して，国際会議の開催などに携わっている。SRJ の設立以前から(1951〜)，いくつかの学協会の共催でレオロジー討論会がほぼ毎年開催されていたが，現在では SRJ と日本バイオレオロジー学会(1977 年設立)の共催で，毎年秋に開催されている。

　SRJ は日本レオロジー学会誌(年 4〜5 回)を出版し，レオロジーの初歩の講習会「レオロジー講座」などいくつかの講習会を主催している。SRJ の小グループの研究会では，それぞれ年数回の研究集会，見学会などを行っていて，その一つの高分子成形加工討論会は 10 回を超えている。

　日本のレオロジー関係の行事は SRJ が共催・協賛していることが多いので，ホームページ http://www.soc.nii.ac.jp/srj/index.html で調べることができる。

6　本書の対象と目的

　レオロジーはものの変形・流動に関するあらゆることを対象とする研究領域である。「もの」と曖昧に言ったのは，タイヤのような「物体」の変形の様子も，構成成分のゴムなどの「物質」の特性も研究対象とするためである。変形・流動については，物質の変形・流動特性の測定と記述，物質の微視的構造や分子運動と特性の関係，種々の条件下で変形・流動させたときの振舞いの予測，変形・流動性に関係する製品や機械の開発・設計・制御など，広範囲な問題が興味の対象である。

　本書では，「物性としてのレオロジー」，すなわち物質の変形と流動に関する特性と，その研究法について解説する。

物性としてのレオロジー

　物性としての問題は，次の 3 項目を中心とする。
　①　物質の変形と流動の特性にはどのような型があるか，
　②　変形と流動の特性の観察・測定法，
　③　それらの特性と物質の微視的構造や分子の運動の関係。

扱う物質は，次のいずれかに属するものとする。
① 軟らかくて変形・流動しやすいもの，
② 大きく変形してもちぎれにくいもの。

これらは大体において軟らかいので，おおざっぱに「軟らか物質」とまとめて呼ぶことにする。金箔は上記の物質特性のうちの②の典型であるが，金属の特性および塑性現象はそれぞれ詳細に研究されているので，本書では深く立ち入らない。

さてレオロジーに立ち入る前に，通常の固体・液体などの変形，流動特性と物質の構造について，本章で簡単にまとめておこう。

7 固体の構造と軟らかさ

共有結合による固体

ダイヤモンドや石英は，共有結合（-C-C-，-Si-O- など）だけでつながった原子の3次元規則網目である(**図1.4**参照)。弾性率や強度は，無機化学で習うような結合の強さで大体決まる。きわめて固く，小さなひずみで破断する。軟らかさのない物質の典型である。高融点で固いセラミックス（Al_2O_3，SiC，Si_3N_4，WC など）はこの仲間である。原料は固くて溶融しにくく，溶剤にも溶けない粒子なので，焼結体として用いられる（第9章の「セラミックと釉薬」（160頁）参照）。

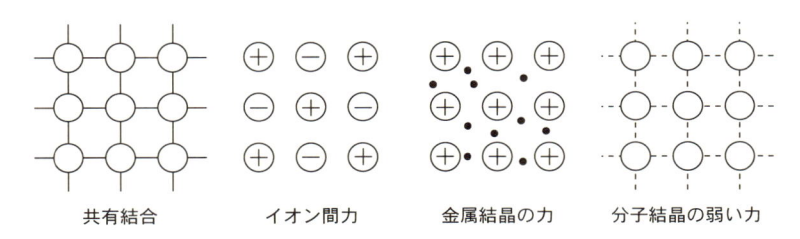

図 1.4 結晶を作る力。黒点は電子(マイナス電荷)を表す。

共有結合　　イオン間力　　金属結晶の力　　分子結晶の弱い力

22　第1章　レオロジーと世界

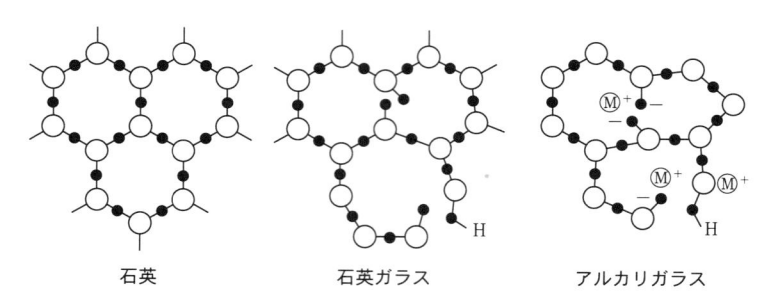

図 1.5　石英，石英ガラス，アルカリガラスの概念図。2 次元にするために珪素（白丸）の結合を 3 価（実際は 4 価）にしてある。黒丸は酸素，Ⓜ$^+$ は金属イオン。

　結合の切断と不規則な配列で不完全な結晶やガラス状態（非晶，無定形）になると，弾性率や強度が低下する。石英は溶融する（ところどころで化学結合が切れる）と，冷却しても規則的配列が回復できなくて，結合が不完全で構造のゆがんだ石英ガラスになる。また，水酸基 –OH が含まれても連続的な網目構造が切れる。Na^+，K^+，Ca^{++} などの金属イオンが含まれると，網目構造の一部がイオン（$-Si-O^-$）化して規則性も乱れる。アルカリガラスは金属イオンが多量に含まれており，比較的低温で軟化，流動する（**図 1.5**）。

イオン結晶と金属

　イオン結晶では＋イオンと－イオンが交互に規則的に配列しており，金属結晶では金属原子（実は＋イオン）が電子の海の中に規則的に配列している（図1.4 参照）。弾性率は規則的な配列の層と層の間の力で決まり，1 層分横にずれると元と同じ配列に戻るので，破断することなく大きく変形させることができる（塑性変形）。

　単純化して，金属原子が間隔 b の立方格子の格子点に並んでいるとする。上側の層を x だけずらせると，その層の原子には，近似的なポテンシャル $V=-a\cos(2\pi x/b)$ で表される力 $\psi=-\partial V/\partial x$ が働く。

$$\psi = 2\pi(a/b)\sin(2\pi x/b) = 4\pi^2(a/b)(x/b) \tag{1.1}$$

ただし，平衡状態における平均位置を原点とした。最右辺は x が小さいときの近似である（**図 1.6**）。

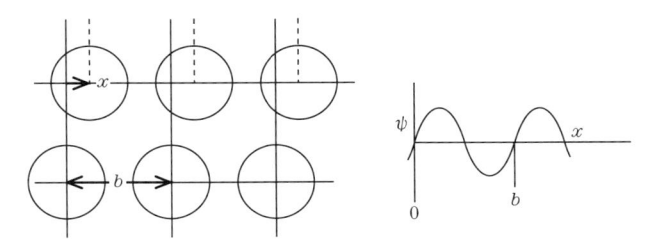

図 1.6　結晶の層がずれたときの復元力

1層あたりの原子数を n とすると，層の面積は $S=nb^2$，移動距離の勾配は (x/b) だから，剛性率 G（ずりの弾性率，第2章参照）が $\psi n/S=G(x/b)$ から求められる。

$$G=4\pi^2(a/b)n/S=4\pi^2 a/b^3 \tag{1.2}$$

他の方法で求めた a, b 値から G を計算すると大体観測値程度である。層に作用する力（単位面積あたり）が最大値（$x=b/4$ のときの値）$\sigma_P=2\pi(a/b)n/S=2\pi a/b^3=G/2\pi$ を超えると層は滑る。これは剛性率の 10% 以上であるが，現実には剛性率の 1% 以下で塑性変形が生じ，予測と一致しない。

結晶欠陥と転位線

結晶の欠陥は，格子点の原子が抜けた孔（空孔）や格子点以外の場所の原子（格子間原子）などである。欠陥は1列に並んで層に食い違いを起こし，転位線を作る。**図 1.7** 左下の例では結晶の上半分では（縦向きの）層が1層余分に入っている。黒丸で示す余分な層の下端 D が転位線（刃状転位）で，（下側から見れば）格子間原子が紙面に垂直に並んだものと見ることができる。

転位の周辺では結晶は不安定で，小さな力で転位線が移動する。余分な層が右側の層の下半分とつながって上下連続層となり，下半分を取られた層が余分な層になる。このように転位（したがって余分な層）が順次移動していくと，最終的に格子間隔分だけのずれが生じる。重い絨毯を引きずるには大きな力が必要だが，しわを作って追えば小さな力で移動させられることに似ている（図1.7右）。転位線は原子の熱運動によって次々生じるので，小さな力で大きなずれ，すなわち塑性変形が生じる。

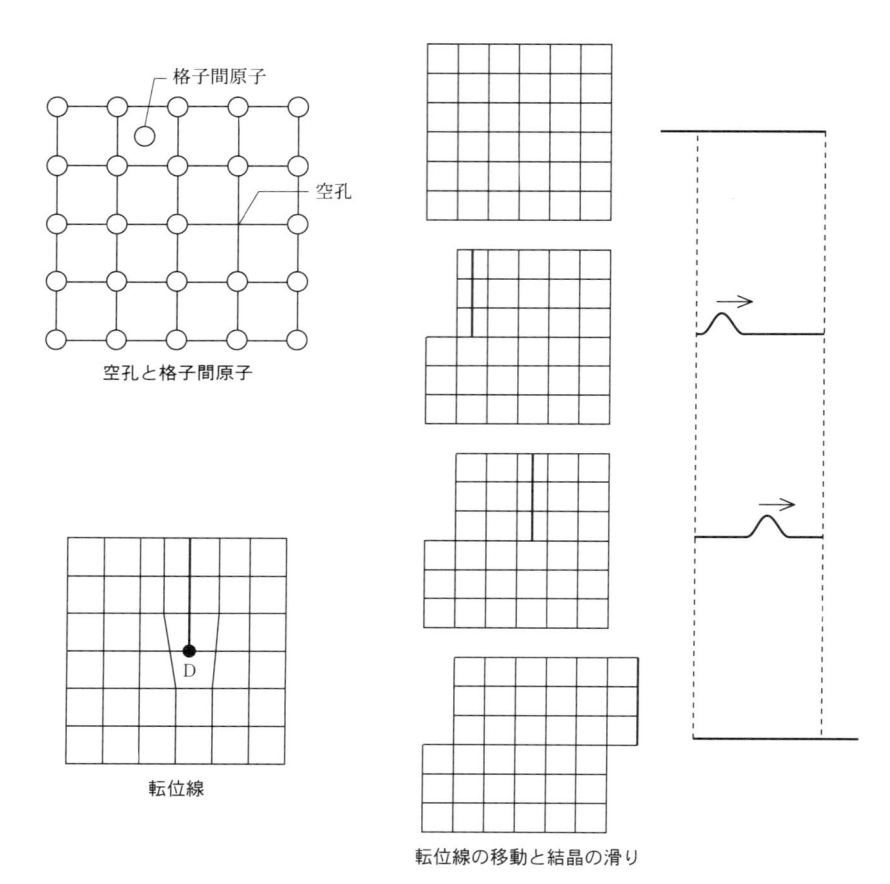

図 1.7　結晶の格子欠陥（左上）と転移線 D（左下）。結晶の端に転移線が発生して移動して，反対側の端で消えると結晶に滑りが生じる（中）。小さなしわを追っていけば小さな力で重い絨毯が移動する（右）ことに似ている。

　おおざっぱに見ると，正負のイオンが交互に並ぶ結晶では，各イオンを取り囲むパートナーが決まっていて，位置の制限が厳しい。しかし原子(＋イオン)が電子の海中に並んでいる金属では，制限が弱くて欠陥ができやすく，転位線の役割が顕著である。このため金属は塑性変形しやすい。また，電気伝導度の高い金，銀，銅などでは共有の電子が多く，塑性変形しやすい。ただし，金属は通常は合金で，細かい結晶の集合体であり，特性は結晶構造や結晶界面の性

質などに大きく依存する。定量的な理解には，個々の材料の組成・構造を考慮した立ち入った議論が必要となる（第9章の「物の壊れ方」(159頁)，「金属の時効」(160頁) 参照)。

分子結晶

氷，ドライアイス，砂糖などは分子の結晶である。結晶を保つ水素結合，ファンデルワールス力，極性基の電気的な力などは比較的弱い力で，分子結晶の弾性率や強度は他の固体より低い。

特に，大きな分子の結晶は軟らかい。大きな分子は分子自体が変形することがある。また，分子間力が弱いだけでなく，分子の形がいびつなことが多いので，密に詰まった構造をとりにくく，水などの低分子物質を抱え込む場合も多い。さらに，分子が配列するための運動が困難なため，結晶が不完全になりやすい。実際上結晶化せず，過冷却液体としてガラス化する場合もある。高分子では結晶の不完全さやガラス化の傾向が顕著である。

なお，大きい分子の結晶では，弾性率や強度に際立った異方性がある場合がある。グラファイトはダイヤモンドと同じ炭素で構成されるが，ベンゼン環がつながった平たいシート（分子）が重なった結晶である。シートとシートの間の力は弱く，はがれやすい。超強力繊維といわれるものは，剛直な高分子が1次元に並んだ結晶で，繊維方向の弾性率や強度は極度に高いが，横方向では格段に低い。

8 液体の構造と流動性

固体の原子・イオン・分子は，定位置の周辺で振動しているが，液体では決まった配置がなく，常に移動している（**図1.8**)。分子（金属やイオン結晶の溶融体では原子やイオン）間の力と熱運動による乱雑化のバランスで，自由エネルギーが最低になるように配置（重心位置や隣接分子との配向関係)・移動（並進や回転）している。

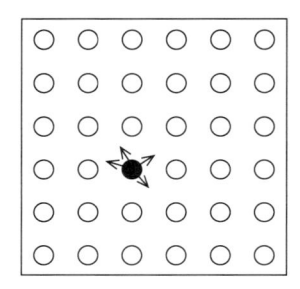

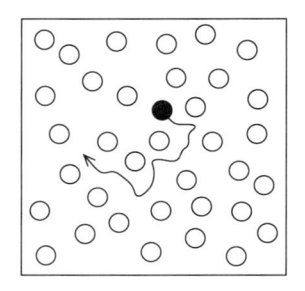

図 1.8 結晶の原子は決まった位置の周りで振動しているが、液体の分子には決まった位置がなく、どこへでも移動することができる。

巨視的変形によって、分子の（無秩序）配置を乱して別の（無秩序）配置にすると、復元力が発生する。分子運動は速くて力は直ちに消滅するので変形を元に戻す復元力（弾性力）にはならないが、連続的な変形（流動）に対しては抵抗力すなわち粘性力を引き起こす。

粘性力は分子運動が遅いほど大きい。大きな分子の方が一般的に運動が遅い（たとえばナフタレンとベンゼン）。また、細長い分子は丸い分子より回転運動が遅くて粘度が高い（ヘキサンとシクロヘキサン）。分子間水素結合の多い水や砂糖では、分子の大きさが同程度の他の物質より粘度が高い。

液体の粘度の温度依存性

通常の液体の粘度は、アレニウスの式（巻末「用語解説」、189 頁参照）

$$\eta = A \exp\left(\frac{E}{T}\right) \tag{1.3}$$

で表される。T は絶対温度、E は流動の活性化エネルギーと呼ばれる物質定数である。水素結合による構造が顕著な水などでは、低温で活性化エネルギーが多少高くなることがある（**図 1.9**）。

温度の低下にしたがって分子の運動が遅くなると、過冷却液体になりガラス化する物質がある。その際の粘度変化は急激で、次のフォーゲルの式で表すことができる。

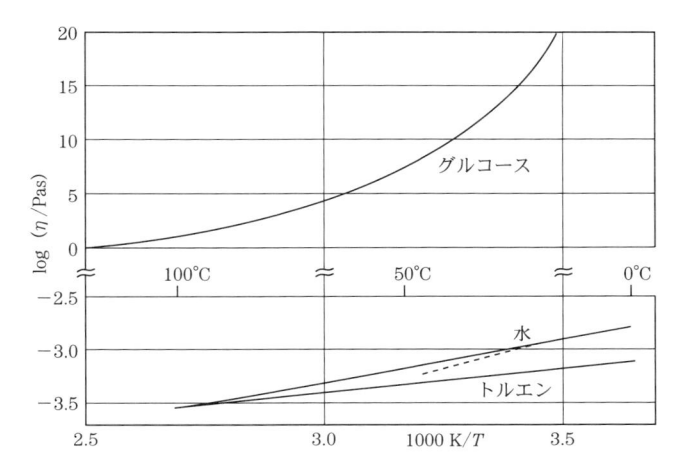

図 1.9 液体の粘度。グルコースはガラス化する液体の例。

$$\eta = A \exp\left(\frac{B}{T-T_0}\right) \tag{1.4}$$

A, B, T_0 は定数である。

ガラス状液体の粘度が高いのは，分子の配置・配向が，平衡状態に戻る速度が低いためである。変形で生じた力は平衡化に応じて徐々に緩和する。したがって，液体物質はガラス化によって粘弾性体（第4章）に変化する。

（アレニウス式のアイリングの理論，フォーゲル式の自由体積理論という歴史的解釈については，中川の著書に詳しい。）

過冷却とガラス化

温度が低下するとエントロピーによる乱雑化傾向が弱まるので，液体は規則的配列の結晶になる。規則的に配列するためには分子は動かなければならない。大きくていびつな分子では配置の調整のためには特に十分な運動が必須であるが，一方，分子の運動は遅い。このジレンマのために，分子は渋滞した状態になって粘度が増加し，結晶化できないで過冷却液体（ガラス状態）になる。本質的に結晶化しない物質（非結晶性ポリスチレン）や，冷却速度が高いときにだけ結晶化しないもの（砂糖）もある。急冷によってできたガラスは，放置する

と分子の配列が徐々に進み，もっと高密度で固いガラスになったり，結晶化したりする。

ガラス（無定形物）は低温では固体状で，短時間に大きく変形させると破断する。ただし，分子に定位置がなくて，ゆっくり拡散・移動するので，厳密に言うと粘度の高い液体で，長い間には小さな力でも流動する。（第9章の「ガラス化と強化ガラス」（161頁）参照）

液　晶

固くて細長いあるいは平たい分子では，温度が低下すると，結晶化する前に液晶になる場合がある。分子相互の配向だけが規則的になり，ネマチック，スメクチック，コレステリックなどの形態があるが，ここでは立ち入らない。

ネマチック液晶を例に取ると，アゾキシ化合物 $R-N=NO-R'$ などの細長い分子が横方向には規則的に並んでいるが，縦方向には自由に運動することができるので，液体の性質を持つ。方向によっては（たとえば縦方向をたわめる）弾性がある。粘度も異方的であるが，高温側の等方状態より低い（**図1.10**）。

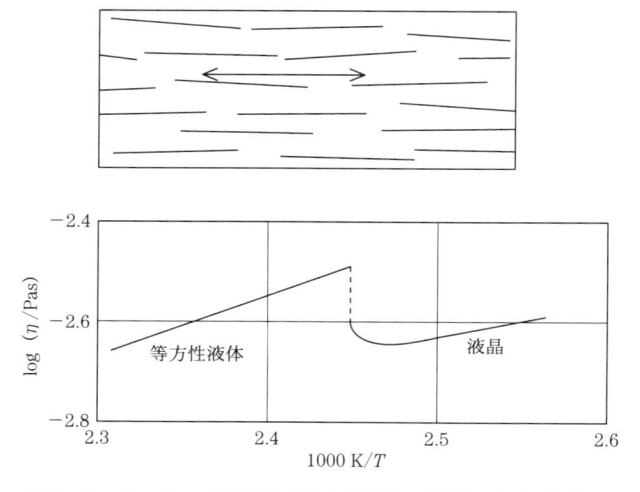

図 1.10　ネマチック液晶の分子の並び方と運動の方向（上）およびパラアゾキシアニソールの粘度（下）。

9 軟らか物質

　以上見てきたものは，レオロジー特性としては，「フック弾性体」（第2章）あるいは「ニュートン粘性体」（第3章）に分類される。しかし，軟らかくて変形しやすいもの，大きく変形してもちぎれにくい軟らか物質のレオロジー特性は，それらの単純な特性と著しく違う。

　さて，軟らか物質はどのような構造のものだろうか。すべてを網羅することは難しいが，多くの軟らか物質を観察すると，下に列挙するいくつかの特徴を見つけることができる。第5～8章で扱う物質の特徴である。

高分子およびゴム

　高分子物質の細長い鎖は隣接鎖が邪魔になって，拡散が妨げられる。局部的に見れば運動（ミクロブラウン運動）は通常液体と同様に激しく，短時間にかなり広い範囲を動くことができるが，全体としての（重心の）運動（マクロブラウン運動）は遅い。局部的に見れば液体に近く，分子全体でみれば固体に近いということから，両者の特徴をかねた粘弾性が生じる。

　屈曲性の高分子相互を所々結んで網目構造にすると，全体としての移動は完全に妨げられる。分子運動は局部的には液体と同じであり，全体としては固体と同じである。弾性率が低くて大変形が可能なこと，弾性率が温度に比例するエントロピー弾性であることなどのゴムの特性は，このような分子運動の特異性と関係している。

液体中の分散物による粘弾性

　それ自体は単純な液体も，運動の遅い粒子が分散すると性質が変わる。変形によって生じた分散物の配向や配置の平衡からのずれが回復するまで弾性的な力が生じ，全体としては粘弾性液体になる。

液体を含む固体構造

分散した粒子が粒子間の相互作用によって結合して，液体を抱え込んだ固体になると，流動性がなくなる。多くの場合その構造は弱いので，壊れやすく，複雑なレオロジー特性が現れる。

ゴムのような高分子物質が液体を吸収すると，液体を含む強い固体構造すなわちゲルになる。ゲルの場合は，変形によって固体構造および含まれる液体の両方が移動するので，独特のレオロジー特性が出現する。

巨視的な軟らかさと巨視的レオロジー現象

物質としては弾性の固体でも，巨視的な形と大きさによって軟らかさが発現することがある。繊維，フィルム，金属のばねなどはその例である。これらは1次元あるいは2次元の形によって，厚さのない方向へは変形しやすい。紙や布の変形，しわなどは興味あるテーマである。また，繊維強化プラスチック，鉄筋コンクリート，木材などは巨視的な複合による力学特性が基礎になる。

大きな物体や固体の集合体では，特異なレオロジー現象が生じることがある。氷河は氷が割れて滑るわけではなくて，連続的に変形して流れる。地震の報道

図 1.11 巨視的な構造で生じる軟らかさ（左）と粒子の集団の流動（右）

でおなじみの地球プレートは，太平洋側で下に曲がって日本列島の下にもぐり込むが，物質としては岩石に近いものである．また，砂時計の砂，土石流，火砕流，雪崩などは巨視的な物体の運動のまとまりが，独特のレオロジー現象として観測されるものである（**図 1.11**）．

　巨視的な形による軟らかさも，巨視的物体の運動によるレオロジー現象もレオロジーの重要な研究対象であるが，物質自体の性質をテーマとする本書では触れない．

第2章
レオロジーの基本的な概念（1）──
変形・応力および弾性

　物体の外面に力を加えて移動させると，力は物体内部を伝わって物体の各部分が移動し，形が変化する．さて，内部の力と変形は外面の力や移動とどのように関係しているのだろうか．ここでは，理想弾性体を例として力と変形の性質を調べよう．

　理想弾性体とは形と力が1対1で対応する物体で，特に，形が刻々変化する場合にも力は各時点の形だけで決まる．第4章で述べる粘弾性固体はもっと広

図 2.1　物体表面に及ぼされる力と表面の移動は，内部の応力と変形を引き起こす．

い意味での弾性体である。

1 フックの法則

　弾性のひもを引っ張ると，伸びと力は比例する。最初の長さ L と伸び ΔL から得られるひずみ $\varepsilon = \Delta L/L$ と，力 F と変形後の断面積 S から得られる単位面積あたりの力（応力）$f = F/S$ の関係

$$f = E\varepsilon \quad \text{（フックの法則）} \tag{2.1}$$

では，比例係数 E は物体の大きさに関係なく物質によって決まる特性量になる。E をヤング率あるいは伸長弾性率と呼ぶ。

　フックの法則はずり変形でも成立する。ずりは重ねたトランプを切るような変形で，物体内の平行な平面が一定方向に移動し，相対的な移動距離は平面間の距離に比例する。比例係数はずりひずみ γ である。平面に対して，移動方向に作用する力（単位面積あたり）を σ とすると，式 (2.1) と同じ形の比例関係 $\sigma = G\gamma$ が成立する。G は剛性率（ずり弾性率）で，物質によって決まる定数である（図 2.2）。

　ヤング率と剛性率は $E = 2G(1+\mu)$ の関係を満たす（ポアソン比 μ については後に説明する）。伸長の際に体積が変化しない場合（非圧縮性と呼ぶ）には $\mu = 1/2$ で，$E = 3G$ となる。

　弾性率は変形と力の関係の特性量であるが，次項で述べる物体の振動の性質

図 2.2　ずり変形はトランプの束をずらせるような変形

にも深くかかわっている。

弾性と振動

　力と移動距離（伸び）の積は仕事（エネルギー）である。弾性体では外力による仕事が弾性エネルギーとして物体に蓄えられて，弾性力の元になる。

　弾性ひもに質量 M の重りを吊り下げて，平衡位置より伸ばして（弾性エネルギーを蓄えて）手を離すと振動する。ひもの弾性エネルギーが重りの運動エネルギーに変わり，再び弾性エネルギーに変わることの繰り返しで，いつまでも振動する。

　弾性率と系のサイズで決まる振動数 $(ES/2\pi M)^{1/2}$ は固有振動数と呼ばれる。固有振動数に等しい振動数でひもの端を振動させると，重りの振動が増幅されるが，振動数がずれていると増幅されない。弾性率の低いゴムを柱の下部に用いた建物では，建物の共鳴振動数が低くなる。共鳴振動数が地震の振動数より低いと，地震のエネルギーが建物へ移動せず，免震効果がある。強度的に振動に強い耐震構造とは原理の異なる効果である。

　ぶら下げた重りを高いところから落とす場合（バンジージャンプ）の衝撃は，力がかかってから静止するまでの時間に逆比例するので，ひもの弾性率が低くてよく伸びれば小さくなる。靴の底に軟らかい弾性体をいれて衝撃を緩和する

図 2.3　免震建築やバンジージャンプは低い弾性率の応用

のも同じ原理である（**図 2.3**）。

弾性体は重りをぶら下げなくてもそれ自体で振動し，波動が伝わる。この場合重りに相当するのは物体の各部分の質量であり，運動によって各部分のひずみが生じる。振動や波動の基本となるのは，波動の伝わる速度 $(G/\rho)^{1/2}$（横波の場合；ρ は密度）である。波動の関係する例であるスピーカー・コーンでは，音速が高いほど入力された振動に忠実な振動を実現できる。そのために，弾性率が高くて密度の低い材料が求められる。

2　変形とひずみ

1方向の伸長とずりに触れたが，もっと一般的な変形を調べよう。力と関係しているのは相対的な変形量，すなわちひずみである。餅つきのように大きな物体の変形は複雑であるが，微小な領域の変形に限定すれば，3軸伸長と全体としての（形の変化しない）回転の組み合わせで表すことができる。

3軸伸長

ひずみは相対的変形量だから，単位立方体の試料片について考えれば十分である。**図 2.4** のような単位立方体を取り，稜は座標系 $x_1 x_2 x_3$ の軸に平行とする。立方体が伸縮して直方体になる変形を3軸伸長変形と呼ぶ。変形後の各辺の長さ $\lambda_1, \lambda_2, \lambda_3$ は伸長比である。物体に埋め込まれた半径1の球形領域から変形によってできる楕円体をひずみ楕円体と呼び，伸長比が極大，極小の方向を，ひずみ主軸と呼ぶ。主軸の長さは伸長比である。

3軸伸長では，x_1 軸に垂直な面（x_1 軸の正向き）には力 F_1，反対側の面には $-F_1$ が作用する。$F_1(>0)$ は物体の変形前の単位面積あたりの張力（工学応力と呼ばれる）である。大気圧も力の一部であるが，以下では大気圧は無視する。他の面についても同様である。変形後の単位面積あたりの力（応力）は次式で表される。

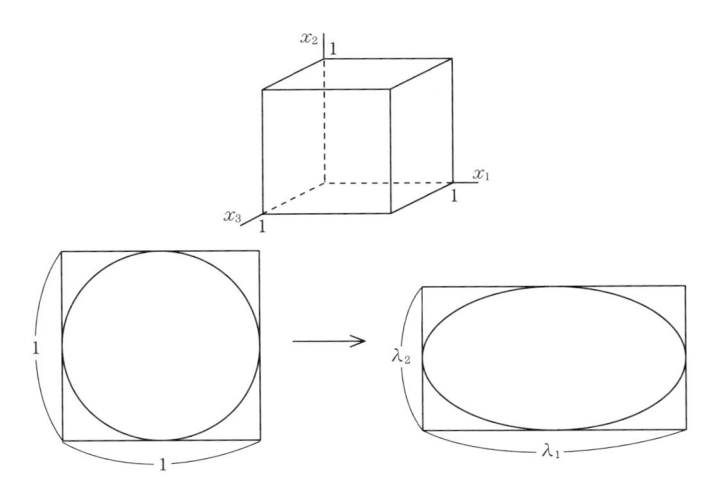

図 2.4 変形の説明に用いる試料片と座標系（上）および 3 軸伸長したときの x_3 に垂直な断面（下）

$$f_1 = \frac{F_1}{\lambda_2 \lambda_3}, \quad f_2 = \frac{F_2}{\lambda_3 \lambda_1}, \quad f_3 = \frac{F_3}{\lambda_1 \lambda_2} \tag{2.2}$$

F_j を単に応力と呼ぶ文献もあるので注意が必要である。

単位面積あたりの力の単位（SI 系）は $N\,m^{-2} = Pa$（パスカル）で，$1\,MPa = 10^6\,Pa$, $1\,GPa = 10^9\,Pa$ である。cgs 単位系の $1\,dyn\,cm^{-2} = 0.1\,Pa$ は現在はあまり用いられない。

微小変形に対する伸長ひずみ ε_j は，次の式で定義される。

$$\lambda_j = 1 + \varepsilon_j \tag{2.3}$$

大変形に対しては，ヘンキーひずみ $\varepsilon_{Hj} = \ln \lambda_j$ の方が合理的である。長さ $L(0)$ の物体を $L(1), L(2), L(3), \cdots, L(n)$ と順次伸長すると，全ヘンキーひずみ $\varepsilon_H(\text{total}) = \ln[L(n)/L(0)]$ は，各段階のひずみ $\varepsilon_H(1) = \ln[L(1)/L(0)]$, $\varepsilon_H(2) = \ln[L(2)/L(1)]$, $\varepsilon_H(3) = \ln[L(3)/L(2)]$, $\cdots$ の和 $\varepsilon_H(\text{total}) = \varepsilon_H(1) + \varepsilon_H(2) + \cdots + \varepsilon_H(n)$ になっている。微小ひずみは加算的でない。伸長ひずみ速度の計算にはヘンキーひずみを用いる（第 3 章）。

体積ひずみ

3軸の伸長比がすべて等しい場合（$\lambda_1=\lambda_2=\lambda_3=\lambda$），体積の相対的変化 $\Delta V/V=\lambda^3-1=\varepsilon_V$ を体積ひずみと呼ぶ。体積変化を引き起こす力は圧力変化 Δp で，体積ひずみとの関係は次式で表される。

$$-\Delta p = K\varepsilon_V \tag{2.4}$$

K は体積弾性率，その逆数は圧縮率と呼ばれる。

ボイルの法則（$pV=$一定）によれば理想気体の体積弾性率は圧力に等しく，固体や液体に比べて極度に小さい。水の体積弾性率は約 2 GPa で，有機液体やゴムではこれよりやや低く，金属などの固体では 10～1000 倍高い。

3軸伸長の際の体積変化率は $\lambda_1\lambda_2\lambda_3-1$ だから，微小変形では $\varepsilon_V=\varepsilon_1+\varepsilon_2+\varepsilon_3$ である。面に作用している力の和について，$f_1+f_2+f_3=-3p$ と書いてみると，p が正ならば体積を減少させる力（実効圧力）が作用していることになり，伸長の際の体積変化は $\varepsilon_V=-p/K$ で与えられる。p が負の場合には体積は増加する。

1軸伸長

式 (2.1) の変形は，x_1 方向の張力 f によって生じる1軸伸長（あるいは単純伸長；$\lambda_1=\lambda>1$，$\lambda_2=\lambda_3$）である。1軸圧縮（等2軸伸長とも呼ばれる）は $\lambda<1$ の場合で，ひずみが負の1軸伸長である。

1軸伸長では体積は増加する。微小変形の場合の体積変化はポアソン比 μ を用いて，次の式で表す。

$$\lambda=1+\varepsilon, \quad \lambda_2=\lambda_3=1-\mu\varepsilon \tag{2.5}$$

$f_1+f_2+f_3=f>0$ で，$\varepsilon_V=\varepsilon_1+\varepsilon_2+\varepsilon_3=(1-2\mu)\varepsilon=f/3K=E\varepsilon/3K$ だから，ヤング率と圧縮弾性率の関係式 $E=3K(1-2\mu)$ が得られる。

ゴムのヤング率は 10 MPa 程度で，E/K は 1/100 程度だから，1軸伸長では体積変化は小さく，$\mu=1/2$ と考えてよい。形の変化に比べて体積変化が無視できるほど小さいことを示している。ヤング率の高い金属やセラミックスでは，形の変化に比べて体積変化が無視できず，ポアソン比は小さい。気泡を含む発

泡ゴム，スポンジなどでは体積弾性率は低く，ポアソン比は小さい。

単純ずりと純粋ずり

図2.2の変形はずり（単純ずり）である。x_2軸に垂直な平面がx_1方向に移動するとする。移動距離はx_2に比例し，比例係数γはずりひずみである。ずりでは体積は変化しない。

ずりではx_3に平行な移動はないので，ひずみ楕円体の長軸（x_a方向）と短軸（x_b方向）を含む$x_1 x_2$平面について考える。半径1の円上で座標(x_1, x_2)の物質点は，ずりによって$(x_1 + \gamma x_2, x_2)$に移動し，円は楕円に変化する。主軸変換により，次の関係が分かる。

$$2\cot(2\chi) = \gamma, \quad \lambda_a - \lambda_b = \gamma, \quad \lambda_a \lambda_b = 1 \tag{2.6}$$

χは長軸とx_1軸の間の角度である。形の変化しない回転を別にすれば，単純ずりは伸長比λ_a，λ_b，1の3軸伸長（1軸拘束伸長：$\lambda_1 \lambda_2 = \lambda_3 = 1$の3軸伸長）と同じである。

図2.5の例（$\gamma = 1.5$）では長軸と短軸の端の点P，Qは変形前にはそれぞれP_0，Q_0にあり，直線OP_0，OQ_0とx_2，x_1軸との間の角はいずれも$-\chi$である。このことは大きさが同じで逆向きのずり変形（$\gamma = -1.5$）の際に，OPがOP_0になり，この変化が伸長比最小であり，OQからOQ_0への変化が伸長比最大であ

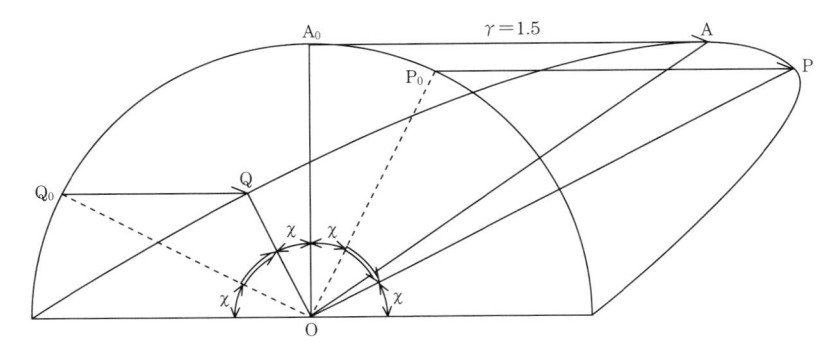

図 2.5　単純ずり（$\gamma = 1.5$）による単位円の変形。$A_0 \to A$，$P_0 \to P$，$Q_0 \to Q$と移動する。OP_0，OQ_0は$\pi/2 - 2\chi$だけ回転し，それぞれ伸縮して主軸OP，OQになる。OP_0，OQ_0は逆向きひずみ（$\gamma = -1.5$）の主軸。

ることから分かる。まとめると，直線 OP_0，OQ_0 がそれぞれ λ_a，λ_b 倍になるように 1 軸拘束伸長した後，角度 $\pi/2-2\chi$ だけ回転すると単純ずりと同じになる。

式 (2.6) の第 1 式から，微小なずりでは $\chi=(\pi-\gamma)/4$ で，回転角は $-\gamma/2$ である（第 3 章の「ずり速度」(53 頁) 参照）。また，後述の応力の性質から，対応する 1 軸拘束伸長の張力は $f_a=\sigma$，$f_b=-\sigma$，$f_3=0$ である。

回転を伴わない変形を特に純粋変形と呼ぶ。単純ずりは純粋変形である 1 軸拘束伸長（純粋ずりとも呼ぶ）と，形に関係ない回転の組み合わせであり，純粋変形の後に回転させるか，回転後に純粋変形することで実現できる。

一様な変形と一様でない変形

変形方向およびひずみが物体のあらゆる部分で一定の場合，変形は一様であるという。球形の物質領域は楕円体に変化するから，あらゆる一様変形は 3 軸伸長と回転の組み合わせで表すことができる。一様でない変形でも，注目する物質点の周りで物質とともに移動して行く無限小の領域だけ考えれば一様変形と考えることができる。物質の性質を調べるには一様変形で十分である。

管からの押し出し，撹拌，ブロー成形などの実際的な変形では，ひずみが場所によって変化する。回転レオメーター（第 3 章）中の変形はひずみの方向が変化する例で，物質は円運動する。

3 応　力

これまでに出てきた力（p, f, σ など）は物体の表面に作用させる力で，直接観測できる。この力は物体中を通じて反対側の面まで作用しており，物体中の仮想的な境界面を通じて，両側の物質が互いに作用させ合う作用・反作用の力になっている。物体中の力は面の向きによって変化するベクトルである。面の正の側（面の法線ベクトルの方向）の物質が，負の側に及ぼす力（単位面積あたり）を応力ベクトルと呼ぶ。符号の取り方は，測定時に試料の外面に作用さ

せる力 f などの符号と合うように決められる（付録，177 頁参照）。

観測できる応力ベクトル

物体を一様に変形させるには，片側の表面に力を加え，反対側に逆向きの力を加える。これらの面と平行な物体中の面 S に対する応力は，外側から加えた力（単位面積あたり）と同じである。

たとえば，x_1 方向の 1 軸伸長の場合に x_1 に垂直な面 S について $x_1>0$ の側を正物質としよう。S に沿って切り目をいれると，両側の物質は引き離されるだろう（太い矢印）。このことは切り込み以前には正物質が負物質を正向きに引っ張り，負物質は正物質を負側に引っ張っていたことを示す。釣り合いの条件から，力の大きさは外面で作用させた f に等しい。したがって，この特定の面 S の応力ベクトルは法線に平行で大きさ f のベクトルである（図 **2.6**）。

ずりの場合には x_2 に垂直な上側の面に x_1 方向の力 σ を作用させ，下側の面には力 $-\sigma$ を作用させる。これらの面に平行な（x_2 に垂直な）物体中の面 S の仮想的な切り目では，正物質は x_1 方向へ，負物質は $-x_1$ 方向へずれるだろう。これより，面 S の応力ベクトルは x_1 方向で大きさが σ であることが分かる（図 2.6）。

等方的圧力 $p>0$ では，どのような面をとっても，正側の物質が負側の物質に及ぼす力は面に垂直で，大きさは $-p$ である。すなわち，応力ベクトルは面に垂

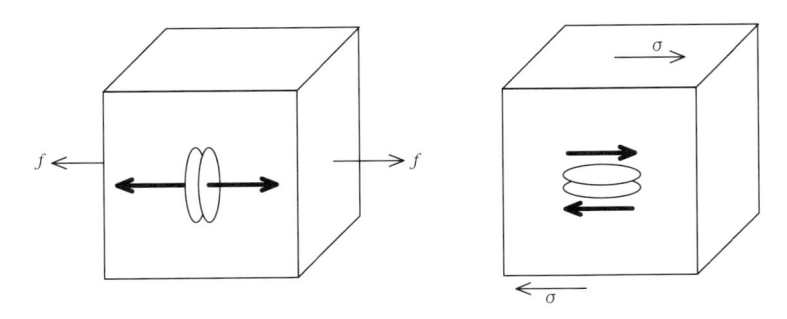

図 2.6 1軸伸長（左）とずり（右）において，外面から観測できる応力。仮想的な切り込みによって太い矢印のような移動が生じるはずなので，これらの面の応力ベクトルは外面の力 f，σ と同じであることが分かる。

直で大きさは $-p$ である。

法線応力と接線応力

応力ベクトルは面に垂直（面の法線に平行）な成分と面（面の接線）に平行な成分に分離することができる。それぞれ，法線応力成分，接線応力成分と呼ぶ。上の例のような面では，1軸伸長および等方的圧力の応力ベクトルは法線応力成分のみ，ずりの場合は接線成分のみのベクトルである。

物体内の面に沿って仮想的な切り目を考えたとき，法線応力成分が正のときは両側の物質は互いに引き離され，法線応力成分が負なら互いに押しつけられる。また，接線応力成分が 0 でないときは，両側の物質は互いにずれる。

どのような場合でも，接線応力成分が 0 で応力ベクトルが面に垂直になる面が 3 個存在し，互いに垂直である。これらの面の法線方向を応力主軸と呼び，法線応力の値を応力の主値と呼ぶ。本書で小文字の f で表される力はすべて応力の主値である。弾性体では応力主軸とひずみ主軸は一致する。

傾いた面の応力ベクトル

図 2.6 のような特別な面については応力ベクトルは簡単に推定できる。他の方向の面における応力ベクトルは，付録（「応力ベクトルの計算例」，179 頁）の方法で求めることができる。いくつかの例について，計算は省略して応力ベクトルの様子を見ておこう（**図 2.7**）。

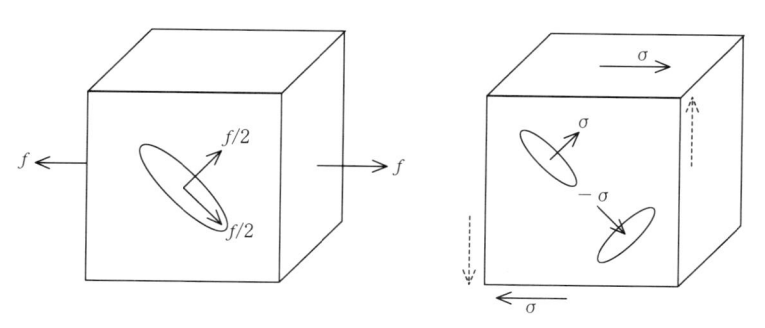

図 2.7　1 軸伸長（左）とずり（右）において，外力の方向と $\pi/4$ 傾いた面の応力。伸長では法線応力とずり応力があり，ずりでは法線応力だけである。

1軸伸長の場合，伸長方向から角度 $\pi/4$ 傾いた面 S の応力ベクトルの方向は x_1 方向で，大きさは $f/2^{1/2}$ である。力の方向が法線方向と異なるから，応力ベクトルは法線成分と接線成分に分けることができて，いずれも大きさは $f/2$ である。面 S の仮想的な切り目では，両側物質は引き離されるだけでなく，面に沿ってずれる。1軸伸長においてずり応力成分が最大になるのは伸長方向から角度 $\pi/4$ 傾いた面で，金属や粘土を伸長（圧縮）した際の塑性変形はこの面に沿った滑りである（159頁参照）。

微小なずりひずみの場合，ずり方向から角度 $\pi/4$ および $-\pi/4$ 傾いた面の応力ベクトルはそれぞれ法線の方向で，大きさは σ および $-\sigma$ である。これらの方向は，それぞれ張力および圧力の作用する主軸である。単純ずりを純粋ずりと対応させたときの伸長と圧縮の方向に相当する。

なお，図 2.7 の破線矢印はずりの場合に自然に発生する x_1 軸に垂直な面の応力を示す。付録（「応力の表し方」，177頁）で示したように，安定なずり変形の場合には，意識的に加えていなくても x_1 軸に垂直な面に x_2 方向のずりの力 σ が作用している。ずり変形を引き起こすためには，x_2 軸に垂直な上面を x_1 方向へ移動させればよいので，x_1 軸に垂直な面に生じる応力については気づかない。

応力の記号

座標系 $x_1 x_2 x_3$ の x_j 軸に垂直な面に作用する応力ベクトルを $(\sigma_{j1}, \sigma_{j2}, \sigma_{j3})$ と書く。$j=1, 2, 3$ に対して 9 個の量 σ_{ji} が定義されるが，$\sigma_{ji}=\sigma_{ij}$ であるので，独立なのは 6 個である。付録（「応力の表し方」）によれば，6個の σ_{ji} の値によって任意の方向の面の応力ベクトルを求めることができる。記号 σ_{ji} は本書でも用いる。図 2.6 の 1 軸伸長では $f=\sigma_{11}$ であり，ずりでは $\sigma=\sigma_{12}=\sigma_{21}$ である。

4 高弾性

フックの法則が成立するひずみの範囲は通常の固体では 1% 以下であり，成

立領域を超えて大きく変形させると，塑性変形するか壊れてしまう。ゴムのように，弾性率が低くて，広い範囲で可逆的（弾性的）に変形することができる特性を，高弾性と呼ぶ。

ネオ・フック弾性体の伸長特性

高弾性の例として，ゴム弾性理論（付録，185頁参照）の結果を示す。
$$f = G(\lambda^2 - \lambda^{-1}) = 3G\varepsilon + O(\varepsilon^2) \quad (1\text{軸伸長}) \tag{2.7}$$
この式の性質をネオ・フック（neo-Hookean）弾性と呼ぶ。体積は変化しない（$\mu=1/2$）。剛性率 G は 1 MPa～10 MPa 程度で，通常の固体の値 10 GPa～1000 GPa よりはるかに小さい。

式 (2.7) は高分子鎖の伸びと物体の断面積変化などが関係した複雑な形であるが，微小ひずみ（最右辺）ではフック弾性の式に帰着し，$\varepsilon=0.1$ でもフック弾性体とみなすことができる。通常の固体のフックの法則成立範囲よりずっと広い。

理論式は実際のゴムの測定結果とよく一致する（**図 2.8**）。$\lambda > 4$ で実測値の方が大きくなるのは，理論でとり入れられてない高分子鎖の伸びきり効果や，伸長に伴うゴムの結晶化のためである。

細かく見ると $\lambda=2\sim3$ の間で理論曲線とデータ曲線が交差する。これは種々

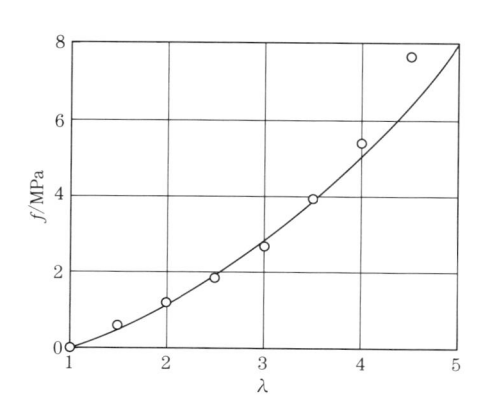

図 2.8 ゴムの応力の例。実線はネオフック弾性体の式。○は実測値。

のゴムのデータに共通の性質である。観測値とネオ・フック弾性の微妙なずれを記述する方法として，ムーニー・リブリンの式が知られている。

$$\frac{f}{\lambda^2-\lambda^{-1}}=C_1+\frac{C_2}{\lambda} \quad (1 軸伸長) \tag{2.8}$$

測定値について左辺を $1/\lambda$ に対してプロットすると，直線が得られる。右辺第2項はムーニー・リブリン項（あるいは C_2 項）と呼ばれ，ネオ・フック弾性からのずれを表す。C_2/C_1 はゴムの種類や溶媒による膨潤によって変動するが，大体 0.1 程度であり，変形速度が高いと大きく，高温では小さい傾向がある。これらの傾向は，C_2 項が時間とともに緩和する性質の応力を表している可能性があるが，弾性力の緩和まで調べた説得性のあるデータはない。

ネオ・フック弾性体のずりと法線応力差

式 (2.7) と同じゴム弾性論のずりに関する結果は次式である。

$$\sigma_{21}=\sigma_{12}=G\gamma,$$
$$\sigma_{11}-\sigma_{22}=G\gamma^2, \quad \sigma_{22}-\sigma_{33}=0 \quad (ずり) \tag{2.9}$$

ずり応力についてはフックの法則が成立する（第1式）。σ_{11}, σ_{22}, σ_{33} はそれぞれ x_1, x_2, x_3 軸に垂直な面の応力ベクトルの法線成分（各軸方向の力）を表し，x_1 軸に垂直な面の法線応力が他の面の法線応力に比べて大きい。

弾性体の微小なずりの場合には，張力が最大になる方向（応力主軸）は x_1 軸から角度 $\pi/4$ 傾いた方向で，x_1, x_2 軸に垂直な面の法線応力値は等しい。大変形では主軸の方向が $\chi(<\pi/4)$ で x_1 軸方向に近いので，張力を x_1 方向と x_2 方向に分けると，x_1 方向成分の方が大きい。高弾性体では大きい変形が可能なので $\sigma_{11}-\sigma_{22}>0$ になる。$\sigma_{11}-\sigma_{22}$ を第1法線応力差，$\sigma_{22}-\sigma_{33}$ を第2法線応力差と呼ぶ。

特にネオ・フック弾性体では $\sigma_{11}-\sigma_{22}=G\gamma^2$ で，物質の移動方向に沿って大きな張力が発生する（図 2.9）。ゴムの高分子鎖の伸長で張力が発生し，これが物体の張力として観測される。物質の移動方向が円に沿ったずりでは，円に沿って張力が生じ，その合力は中心向きの圧力になる。この圧力の測定によって，法線応力差を定量的に求めることができる。同じ原理で，荷重をかけたゴムを

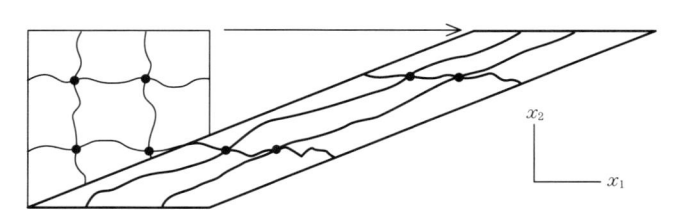

図 2.9 大ずり変形では，網目になったゴムの鎖は伸びて，x_2 方向より x_1 方向の張力が大きい。

ねじると伸びる（第 3 章の「法線応力効果」(59 頁)，第 9 章の「ポインティング効果」(166 頁) 参照）。

5 光 弾 性

　光は横波で，進行方向に垂直な電場ベクトル（および両者に垂直な磁場ベクトル）の振動である。偏光板を通過した光は，特定方向だけの電場ベクトルの光となる（偏光）（**図 2.10**）。方解石の結晶に適当な角度で光線を入射すると，光線に含まれる光の偏光方向によって屈折率が違うので光線が 2 つに分かれ，複屈折が生じる。このような結晶を通してものを見ると，少しずれた 2 つの像が見える。

　変形した弾性体では，2 つの応力主軸の方向の電場ベクトルの光に対する屈

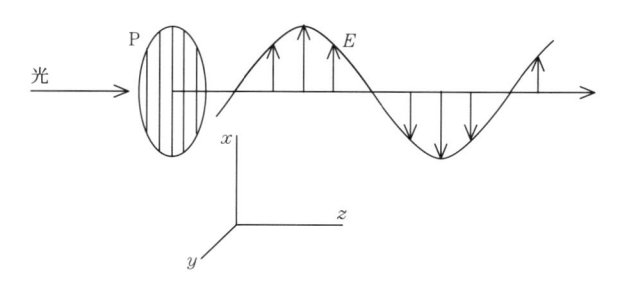

図 2.10 偏光板の働き。z 方向に進む光は電場ベクトルが x 方向と y 方向の成分を含むが，偏光板 P を通過すると x 方向だけの光（偏光）になる。

折率 n が異なっており，屈折率の差 Δn は応力の主値の差に比例する。一般的な3軸伸長では次のようになる。

$$n_1 - n_2 = C(f_1 - f_2), \qquad n_2 - n_3 = C(f_2 - f_3) \tag{2.10}$$

この関係を光弾性則と呼び，比例係数 C を光弾性係数と呼ぶ。

光弾性の観測

1軸伸長の場合には伸長方向と側面方向との屈折率差 $\Delta n = C(f_1 - f_2)$ が観測される。偏光方向が互いに垂直になるように2枚の偏光板を重ねたものは光が透過しない。この間に試料片をはさみ，偏光板の偏光方向と角度 $\pi/4$ の方向に伸長すると，光が透過する（図 2.11）。透過度は，

$$\frac{I}{I_0} = \sin^2 \frac{d\Delta n}{2\lambda} \tag{2.11}$$

で表される。I_0 は入射光強度，I は透過光強度，d は光が通過する試料厚さ，λ は真空中の光の波長である。伸長度とともに Δn が増加すると，透過光はまず増加し，その後増減を繰り返す。

ずりの場合に x_3 軸に沿って光を入射すると，x_3 軸に垂直な応力主軸に対応

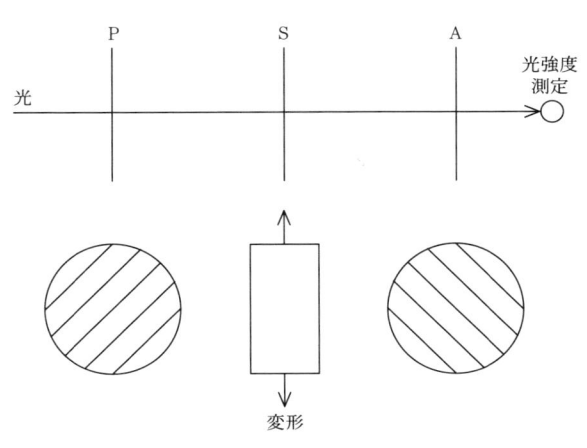

図 2.11 複屈折の簡単な測定法。P, A：偏光板，S：1軸伸長試料。下側の図は，それぞれ光の進行方向から見た P, S, A の並び方。

する複屈折 $\Delta n = C(f_a - f_b)$ が観測される。図2.11のように，偏光方向を直交させて重ねた偏光板の間に試料をはさんで，偏光板を（重ねたままで）回転させると，応力主軸が偏光方向と一致したときには光が透過しないので，その方向の角度 χ を消光角と呼ぶことがある。偏光板の角度を $\chi + \pi/4$ に定めたとき光は最もよく透過し，式 (2.11) が成立する。

付録（「応力の表し方」）の方法で，応力の主値の差 $f_a - f_b$ と応力成分 σ_{ij} の関係を導くと，次の関係式が得られる。

$$2C\sigma_{12} = \Delta n \sin(2\chi), \qquad C(\sigma_{11} - \sigma_{22}) = \Delta n \cos(2\chi) \tag{2.12}$$

応力の主軸の方向は次の関係を満たしている。

$$2\cot 2\chi = \frac{\sigma_{11} - \sigma_{22}}{\sigma_{12}} \tag{2.13}$$

これらの関係式は粘弾性液体でも成立するので，法線応力差を求める方法として活用されている。

第3章
レオロジーの基本的な概念（2）——
流動および粘性

　理想弾性体では応力をかけないときに特定の形があり，変形後の形と応力が1対1に対応した。弾性体と対照的なのは液体で，有限な応力下では限りなく変形し，応力を除くと変形が止まる（当然，特定の形がない）。液体の変形の様式を流動と呼ぶ。応力がひずみ速度と対応する液体は粘性液体である。

　この章では，単純な液体の性質，ひずみ速度の表し方，粘度の測定法について解説する。

1　ニュートン液体

　液体の流動の抵抗を初めて定量的に記述したのはニュートンで，流動の抵抗力が速度勾配に比例すると考えた。

$$\sigma = \eta \dot{\gamma} \tag{3.1}$$

液体の通常の流動はずり流動で，速度勾配 $\dot{\gamma}$ は第2章で定義したずりひずみの変化速度（あるいはひずみ速度；ずり流動ではずり速度）$d\gamma/dt$ である。σ はずり応力 σ_{12} を表す。比例係数 η は粘度である。この式は時間的に変化する流れでも成立する。このような液体をニュートン液体と呼ぶ。また，後の粘弾性液体などと区別して粘性液体と呼ぶ。第1章で示した通常の液体はニュートン液

粘度の単位と運動粘度

粘度の SI 単位は N m^{-2} s＝Pa s である。cgs 単位系では dyne cm^{-2} s＝Poise（ポイズ，ポアズ）で，1 Poise＝0.1 Pa s である。

流体力学方程式には粘度と密度が比の形で含まれるので，力学や工学では運動粘度（粘度/密度）がよく用いられる。運動粘度には現在でも cgs 単位系の Stokes（＝Poise cm^3 g^{-1}；ストークス）が用いられることが多い。cgs 系では液体の粘度と運動粘度の数値がほぼ等しく，混同して用いられている例もある。

ニュートン液体の流動の例

液体の通常の流動はずり流動であるが，速度勾配一定の一様なずり流動が実現されることは希である。一様でない流動の性質を調べることによって，ニュートンの式が正しいことや，種々の液体の粘度が明らかにされてきた（**図 3.1**）。

代表例はハーゲン・ポアズイユの法則で，半径 R，長さ L の円管を通過する流量 Q と両端の圧力差 P の関係を与える。

$$Q=\frac{\pi R^4 P}{8L\eta} \tag{3.2}$$

円管内の流動について，式 (3.1) から半径 r の点の応力 $\sigma=rP/2L$ と速度 $v=(R^2-r^2)P/4L\eta$ を誘導することは手頃な演習問題である。

液体中を回転しないで速度 v で移動する球（半径 r）に作用する力 F は次の

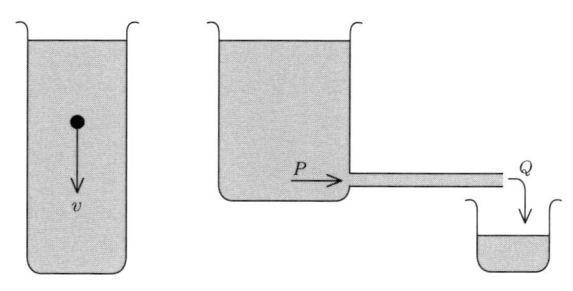

図 3.1 簡単な粘度測定法。ストークスの式による落球法（左）とハーゲン・ポアズイユの法則による円管流動法（右）。

ストークスの式で表される。
$$F = 6\pi\eta rv \tag{3.3}$$
　球の周りの流れは原理的にはずり流動であるが複雑で，(3.3) を誘導するのはかなり難しい。この式によれば，液体中を落下する球の定常状態の速度は $v = 2gr^2(\rho - \rho_s)/9\eta$ である。ただし，g は重力の加速度，ρ, ρ_s は球と液体の密度である。

球形粒子の分散した液体

　ニュートン液体中に球形粒子を分散させると，流動によって球は回転し，元の流動を乱すので余分な抵抗が生じる。粒子を分散させた液体は全体としてニュートン液体で，粘度の増加は次の式で表される。
$$\varDelta\eta = 2.5\phi\eta \quad (アインシュタインの粘度式) \tag{3.4}$$
　ただし，ϕ は分散粒子の体積分率である（**図 3.2**）。

　この式に基づいて，粘度の測定によって ϕ が求められる。粒子濃度 c（単位体積の溶液中の質量；$\mathrm{kg\,m^{-3}}$）が分かっていれば，粒子の膨潤度が分かる。沈降速度（超遠心法などにより）も測定すれば，1 個の粒子の質量，膨潤粒子の半径などが分かる。

　屈曲性高分子は溶液中で糸まり状に丸まって，溶媒を含む（膨潤した）球とみなすことができる。ずり速度が低ければ粘度の増加はアインシュタインの式で表すことができる。分子量 M, 半径 r, アボガドロ数 N_A とすると $\phi = (4\pi r^3/$

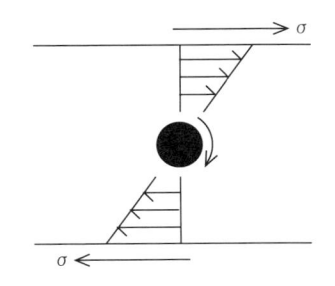

図 3.2　ずり流動場では球は回転する。球面付近の流れが乱れるので，流れを引き起こすずりの力 σ が大きくなる。

3) $(N_A c/M)$ だから，粘度から粒子の大きさが推定できる。また，粘度の増加と分子量の実験式（粘度式；ポリマーハンドブックなどにまとめられている）を用いて，未知試料の分子量を粘度から求めることができる。

伸長粘度（トルートン粘度）

ニュートン液体の1軸伸長流動については，$f=\eta_e \dot{\varepsilon}$ によって伸長粘度 η_e が定義される。最初の観測者にちなんでトルートン粘度とも呼ばれる。ただし，$\dot{\varepsilon}$ は伸長ひずみ速度（後述）である。トルートンは粘度の高いアスファルトピッチを用いて，伸長粘度がずり粘度の3倍であること $\eta_e=3\eta$ を示した。弾性体のヤング率と剛性率の関係（34頁参照）に対応し，体積変化が生じないとして，幾何学的に予測される関係である。

伸長しうる程度に粘度の高い液体は実は粘弾性であり，トルートンの測定は低ひずみ速度の極限における定常流粘度である。定常流粘度の測定には，ひずみ速度一定の伸長変形を長時間持続しなければならない。高分子溶融体について精力的な研究が行われている。高分子溶融体についても，低ひずみ速度ではトルートンと同じ結果が得られている。

2　流動とひずみ速度

伸長ひずみ速度

1軸伸長の場合，dt だけ異なる2時点 t, $t+dt$ での x_1 方向の物体の長さは $L(t)$, $L(t+dt)=L(t)+(dL/dt)dt$ である。dt の間の相対的な長さの変化速度，すなわちひずみ速度は次式で与えられる。

$$\dot{\varepsilon}=\frac{dL/L}{dt}=\frac{d\ln L}{dt} \tag{3.5}$$

これはヘンキーひずみ（第2章の「変形とひずみ」(36頁)参照）の変化速度である。高粘度の液体の高ひずみ速度のときを別にすれば，体積変化は無視で

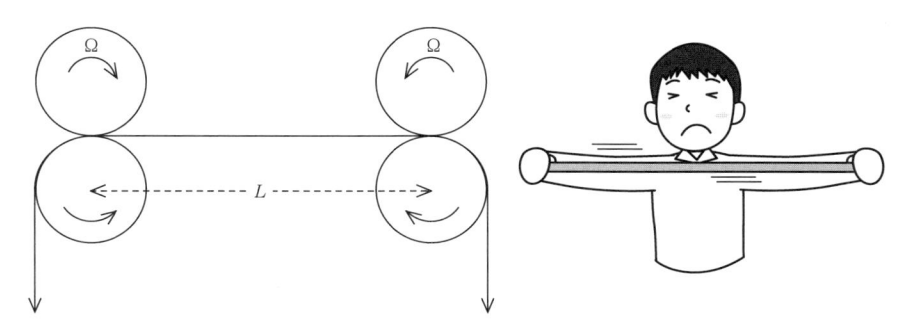

図 3.3 定ひずみ速度の 1 軸伸長装置。両端を引っ張る方法では，一定ひずみ速度は実現しにくい。

きる。

物体を一定速度で引き伸ばす（$L=kt$）と，長さが増加するので，単位長さあたりの伸長速度はだんだん減少する。一定ひずみ速度を実現するには，物体の長さを $L=L_0 \exp(\dot{\varepsilon} t)$ のように指数関数的に増加させなければならないので，物体は極端に長くなってしまう。高分子溶融体に用いられているのは Meissner の装置である。一定間隔 L，半径 r の 2 個のギアで，試料を一定角速度 Ω で巻き取る。巻き取り速度 $dL/dt = 2\Omega r$ と L の比がひずみ速度である（**図 3.3**）。

通常の液体の伸長流動はあまり見かけないが，管の中の流れで管径が小さくなる収縮流では伸長流動が生じる。粘着性の液体（高分子溶液が多い）では，納豆の糸のように物に付着させて，適当な速度で伸長する測定法が考えられている。

ずり速度

ずりの場合には時間 dt の間のひずみ量の増加は $(d\gamma/dt)dt$ で与えられる。したがって，ずりひずみの速度（ずり速度）は，

$$\dot{\gamma} = \frac{d\gamma}{dt} \tag{3.6}$$

で与えられる。一様なずり流動では，ずり速度は速度勾配である。

流れの速度を用いて表すと，ずり速度は形式的に 2 つの成分の和で表すことができる（**図 3.4**）。

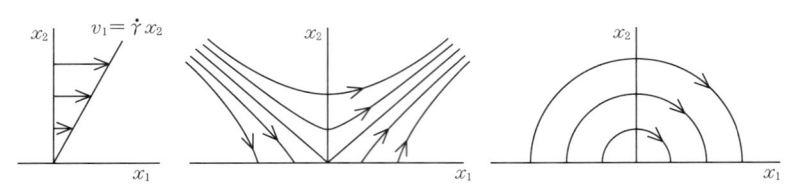

図 3.4 単純ずり流動の速度分布（左）。純粋ずり流動（中）と回転（右）の重ね合わせである。

$$\dot{\gamma} = \frac{\mathrm{d}v_1}{\mathrm{d}x_2} = \varkappa + \omega$$

$$\varkappa = \frac{1}{2}\left(\frac{\mathrm{d}v_1}{\mathrm{d}x_2} + \frac{\mathrm{d}v_2}{\mathrm{d}x_1}\right), \qquad \omega = \frac{1}{2}\left(\frac{\mathrm{d}v_1}{\mathrm{d}x_2} - \frac{\mathrm{d}v_2}{\mathrm{d}x_1}\right) \tag{3.7}$$

$\varkappa$ は x_1 方向と $\pi/4$ の角をなす方向への純粋ずり流動のひずみ速度で，ω は x_3 軸の周りの回転速度である。物質の微小領域では伸長と回転（配向）が同時並行で進行する。伸長方向は常に x_1 方向から $\pi/4$ だけ傾いた方向だから，流動変形は特定の方向に1軸拘束伸長してから回転した（あるいはその逆）とみなすことはできない（40頁参照）。

定常流粘度

同じ条件で長時間流していて，ひずみ速度と応力が一定になった流動は定常流である。定常流に限れば，どのような液体でも応力はひずみ速度の関数である。ニュートンの式と同じ形式で，

$$\sigma = \eta(\dot{\gamma})\dot{\gamma} \tag{3.8}$$

とすることができるが，係数 η は一定とは限らない。この式は定常流だけに適用できるものなので，ニュートンの定義と厳密に区別して η を見かけの粘度と呼ぶこともあるが，通常は単に粘度と呼ばれている。特に区別するには定常流粘度と呼ぶのが望ましい。

定常流粘度 η は一般的には $\dot{\gamma}$ の関数で，$\dot{\gamma}$ が低い範囲では減少関数のことが多い。$\dot{\gamma}$ が十分低い領域では一定値 η_0 とみなしてよく，式 (3.8) はニュートンの式と同じになる。η_0 をニュートン粘度，その液体をニュートン液体と呼ぶことがあるが，限られた範囲における形式的な類似であり，望ましい呼称ではな

い。η_0 はゼロずり粘度（ゼロせん断粘度）と呼ぶべきものである。

粘度のずり速度による変化を強調して，非ニュートン粘度，非ニュートン液体という。非ニュートン粘度はコロイドや粘弾性液体の定常流粘度として観測される。時間的に変動する流動ではひずみ速度と応力は1対1対応関係でなく，ニュートン液体とは基本的な違いがある。たとえば，定常ずり流動の途中でずり応力を0にしてみると，ニュートン液体では流動が止まるが，粘弾性液体では逆向きの変形が生じて，ひずみが少し回復する。

3 粘度測定

落球法ではストークスの式によって粘度を求める。円管流動法ではハーゲン・ポアズイユの式にしたがって粘度を計算する。いずれも手軽な装置で粘度の概略値を求めるのに便利である。落球法における容器の深さや太さの影響については補正が必要である。円管装置は高分子溶融体や粘土のような粒子分散物の測定に今も用いられている。非ニュートン液体に対する補正については付録（182頁）に示す。高分子希薄溶液の粘度測定に便利なウベローデ粘度計（円管形）については，1980年以前の高分子の実験書に詳しい。

回転レオメーター

回転レオメーターでは，2つの装置壁の相対的移動によって間隙の試料にずりを加えるので，ずり速度やその時間変化を制御することができる。したがって，定常流の粘度だけでなく，時間的に変化する流動におけるレオロジー一般の測定装置として用いることができる。次の装置が一般的である（**図3.5**）。

（a）2重円筒形レオメーター

試料を共軸の2つの円筒の間隙に満たし，外筒（内径 R_2）を角速度 Ω で回転させる。内筒（半径 R_1，長さ L）に作用するトルク M を測定する。粘度がずり速度によって変化すると，速度分布がニュートン液体と異なるので，ずり速度を完全に制御することはできない。

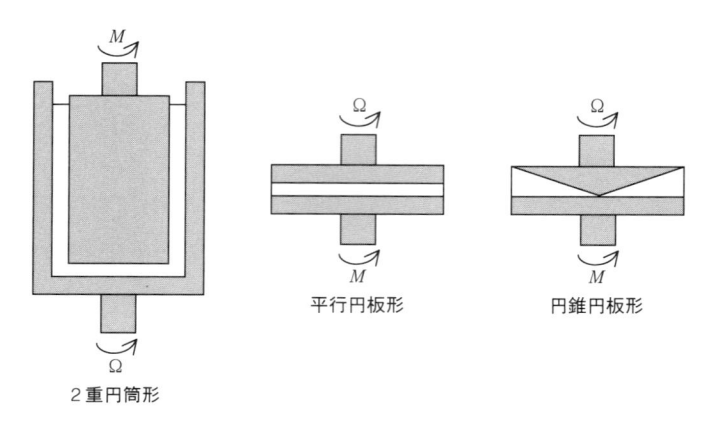

図 3.5 回転レオメーター。2つの容器壁の間に試料を満たし，片方を回転させ，他方に作用するトルクを測定する。

（b） 平行円板形レオメーター

平行な円板（半径 R，間隔 d）の間で試料をねじる。片方を角速度 Ω で回転させ，静止円板に作用するトルク M を測定する。ずり速度が中心からの距離によって変化するので，得られるトルクは種々のずり速度に対応する値からの寄与を含む。

（c） 円錐-円板形レオメーター

平行円板形レオメーターの回転円板を円錐で置き換え，円錐の頂点を静止円板面上とする。円板と円錐の間の間隙角を δ とする。試料全体でずり速度が均一なので，非ニュートン液体でも測定結果の補正の必要がない。

いずれの場合も回転速度 Ω からずり速度 $\dot{\gamma}$，トルク M からずり応力 σ が得られる。ニュートン液体の場合の関係は次のようにまとめることができる。

$$\dot{\gamma} = A\Omega, \qquad \sigma = BM \tag{3.9}$$

係数 A，B を**表 3.1**にまとめる。非ニュートン液体の場合には，2重円筒形で得られる $\dot{\gamma}$ は補正の必要な見かけの値 $\dot{\gamma}_a$ であり，平行円板形で得られる σ は見かけの値 σ_a である。粘度は $\eta = \sigma/\dot{\gamma}$ によって求めることができるが，非ニュートン液体の場合に2重円筒形と平行円板形装置で得られる値は見かけの粘度 η_a である。

表 3.1　ニュートン液体の場合の式（3.9）の係数

装置	A	B	注
2重円筒形	$2R_2^2/(R_2^2-R_1^2)$	$1/(2\pi LR_1^2)$	内筒面の値[a]
平行円板形	R/d	$2/(\pi R^3)$	円板端の値[b]
円錐－円板形	$1/\delta$	$3/(2\pi R^3)$	

a) 非ニュートン液体の場合は，$s=R_2/R_1$ として

$$\dot{\gamma}=\dot{\gamma}_a\left[1-k_1\frac{d\ln\eta_a}{d\ln\sigma}+k_2\left[\frac{d\ln\eta_a}{d\ln\sigma}\right]^2\right],\quad k_1=\frac{s^2-1}{6s^2}(3+2\ln s),\quad k_2=\frac{s^2-1}{6s^2}\ln s$$

b) 非ニュートン液体の場合は，$\sigma=\dfrac{M}{2\pi R^3}\left[1+\dfrac{1}{3}\dfrac{d\ln M}{d\ln\Omega}\right]$

4　定常ずり流動のレオロジー

定常流粘度の性質

定常ずり流動における粘度 $\eta(\dot{\gamma})$ はほぼ常にずり速度 $\dot{\gamma}$ の減少関数である。十分低いずり速度では一定値 η_0（ゼロずり粘度）であり，この領域を第1ニュートン領域と呼ぶ場合もある（図3.6）。

粘度が急激に低下する領域では，べき乗則 $\eta\propto\dot{\gamma}^{-n}(0<n<1)$ にしたがうこと

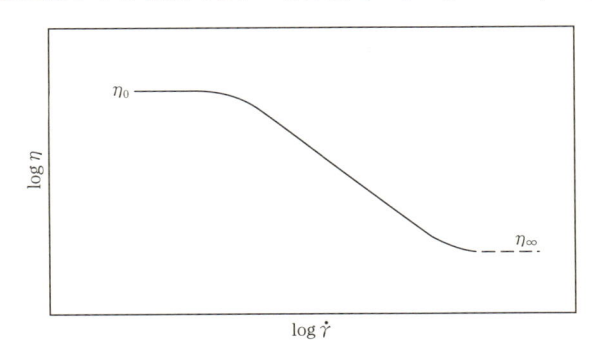

図 3.6　粘度とずり速度の関係

が多い。高分子溶液や溶融体では n は大体 0.8 以下であるが，凝集性の粒子分散系や液晶ではほぼ 1 になる場合がある。このときには，ずり速度が増加しても応力は増加しない。

べき乗則領域よりさらに高いずり速度では粘度がもう一度一定値 η_∞ になる場合があり，第 2 ニュートン領域・第 2 ニュートン粘度と呼ばれることもある。

粘度の低下は粘弾性あるいは凝集構造の破壊によるとされている。表 4.4 で定義される複素粘度の大きさ $\eta^*(\omega)$ を基準にすると低下の機構が想像しやすい。$\eta^*(\omega)$ と角周波数 ω の関係を図 3.7 に示す。一定値から低下し始める点の ω は系の代表的緩和時間 τ の逆数である。同じスケールで定常流粘度 $\eta(\dot{\gamma})$ を記入すると，A，B，C の代表的な型に分類することができる（図 3.7）。

① 力の起源が粘弾性の系では，$\eta(\dot{\gamma})$ が低下し始める $\dot{\gamma}$ は $\eta^*(\omega)$ が低下し始める ω とほぼ一致する（A，B）。力の起源が粒子の凝集構造の場合（第 6 章）は $\eta(\dot{\gamma})$ の方が早く低下し始めることが多い（C）。この場合には充分低いずり速度での観測ができなくて，粘度が一定になる領域が存在するかどうかはっきりしない場合がある。

② からみ合ってない屈曲性高分子の希薄系では粘度の低下が小さい（A）。屈曲性高分子の希薄溶液（第 6 章），低分子量の高分子を単位とする有限寿命の網目物質（第 8 章）などである。これらの系では，さらに高いずり速度では粘度が増加したり（破線），流動途中で粘度が急激に増加して不安定流動になることが多い。

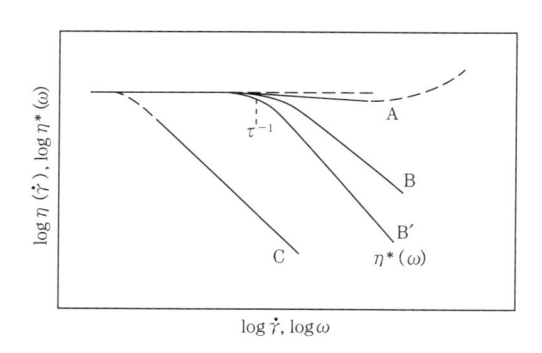

図 3.7 定常流粘度 $\eta(\dot{\gamma})$ と複素粘度 $\eta^*(\omega)$ の比較

③ 粘弾性を引き起こす単位が変形しにくくて，流れとともに回転する傾向が強い場合は粘度は低下するが，$\eta^*(\omega)$ の低下よりは弱い（B）。異方性粒子の希薄分散系（第6章）などである。からみ合い高分子では定常流粘度が近似的に $\eta^*(\omega)$ と一致する（B′；Cox-Merz の経験則；93頁参照）。理論によれば，からみ合った高分子はからみ合い点が滑りやすくて流れで引き伸ばされにくく，あたかも固体粒子のように流れとともに回転する傾向が強い。

なお，濃厚な粒子分散系では，媒体の性質や粒子間力の性質によって粘弾性の力も関与することがあり，粘度が低下し始める点の予測は難しい。また，ダイラトント流動やレオペクシー流動のように粘度が増加する場合もあるが，これについては第6章で述べる。さらに，第6章末尾で述べる粒子の depletion 凝集系では凝集状態が流れによって複雑に変化し，複雑な粘度変化が見られる。

法線応力効果

弾性体のずりひずみ（第2章）と同様に考えれば，ニュートン液体以外の定常ずり流動では，ずり応力 σ の外に $\sigma_{11}-\sigma_{22}$（$=N_1$；第1法線応力差）と $\sigma_{22}-\sigma_{33}$（$=N_2$；第2法線応力差）の2つの応力成分も0とは限らない。定常ずり流動の応力状態は，3個の応力成分をずり速度の関数として測定することによって完全に決定される。

特に粘弾性液体では N_1 は大きく，応力状態は高弾性体に似ている。理論的，実験的結果では N_2 は負で小さく，N_1 の 20% 以下の程度である。

粘弾性液体は回転棒に巻き付いて這い上がる。法線応力差との関係を詳しく研究した人にちなんで，ワイセンベルグ効果あるいは法線応力効果と呼ばれる。N_1 はずり流動において流線に沿った張力であり，流線が円になる場合には合力は中心向きの圧力になる。弾性体のねじりの場合と同様である。遠心力と逆向きの力が生じるので，液体は中心側で盛り上がる（第9章の「ワイセンベルグ効果とバラス効果」（168頁）参照）。

ダイからの押し出しでは，管内のずり流動による流動方向の張力が緩和して，押し出された液体は収縮し径が増大する（ダイスウェルあるいはバラス効果と呼ばれる）。高分子の押出し成形や紡糸などで問題になる現象である。

法線応力差の測定

法線応力差の測定法は多数提案されており，N_2 測定も含めて，研究の展開は Walters の著書に詳しい。

一般的に利用されているのは，円錐円板形レオメーターの全推力（total thrust）T の測定によるものである。

$$N_1 = \frac{2T}{\pi R^2} \tag{3.10}$$

T は円錐-円板を引き離す力で，流線に沿った張力の合力である圧力の総和に相当する。また，円板上に液体が及ぼす圧力は中心が高くなっている。圧力分布 $P(r)$ を測定すれば，その勾配から 2 つの法線応力差の和が求められる。

$$N_1 + N_2 = -\frac{\partial P}{\partial \ln r} \tag{3.11}$$

応力の主軸と流動複屈折

法線応力差 N_1 が 0 の場合には，張力が最大・最小になる応力主軸は流動方向と角度 $\pi/4$，$-\pi/4$ だけ傾いた方向であり（図 2.7），ずり速度を回転と伸長に分けたときの伸長ひずみ速度最大・最小の方向と一致する（図 3.4）。N_1 が正の場合は張力最大の方向の角度 χ は式 (2.13)，$N_1/\sigma = 2\cot 2\chi$ で与えられるから，$\pi/4$ より小さい。

第 2 章で紹介した光弾性と同じ現象が流動中の液体でも観測され，流動複屈折と呼ばれる。屈折率差と応力との関係 (2.12) は，液体でもそのまま成立するので，光学的に法線応力差を求めることができる。弾性体との違いは，χ が $2\cot(2\chi) = \gamma$（式 2.6）によってひずみと関係付けられないことである。橋架けゴムでは物体のひずみに対応して高分子鎖が伸びるが，液体中の高分子鎖は滑ってしまうので伸びの方向は巨視的ひずみと対応しない。定常ずり流動においては，滑りながら変形する鎖の平均的な伸びの方向が応力（あるいは複屈折）から決められる χ であると考えられる。

5 流体力学

ナビエ-ストークスの方程式と完全流体

　ニュートン液体の流れを計算するには，物体中の微小領域に作用する応力（周囲の液体からの力），遠隔力（重力など）と慣性力（加速度の力）の関係を表すナビエ-ストークスの方程式を用いる。非圧縮性流体の場合，x_1 方向の速度 v_1 の式は次のとおりである。

$$\rho\left(\frac{\partial v_1}{\partial t} + \sum v_i \frac{\partial v_1}{\partial x_i}\right) = \eta \sum \frac{\partial^2 v_1}{\partial x_i{}^2} - \frac{\partial p}{\partial x_1} + \rho X_1 \tag{3.12}$$

　ここで，ρ は密度，p は圧力，X_1 は重力などの体積力，$\sum$ は $i=1, 2, 3$ についての和を表す。力の性質が分かればよいので，左辺が加速度の力，右辺第1項が粘性力，第2項が圧力勾配であることが分かりさえすれば十分である。

　粘度がない（$\eta=0$）流体（完全流体）では速度と圧力 p の間に簡単な関係がある。速度と圧力の関係が主要な役割を果たす飛行機の揚力などを簡単に理解するには，完全流体の近似が役立つ（第9章の「ベルヌーイの定理に関する観察」（162頁）参照）。

レイノルズ数と乱流

　レオメーターの流動は慣性項が小さく，粘性項で流動が決まる場合であり，方程式は容易に解ける。物質点は予見される曲線上を移動する。このような流動を層流という。

　速度が大きくなって式（3.12）の非線形項（左辺の和：速度の2乗の項）が大きくなると，方程式の解の性質が複雑になり，物質点の運動が予見できないカオス現象が生じる。このような流動は乱流と呼ばれる。慣性項（左辺の和の項）と粘性項（右辺の和の項）の概略の大きさの比を表す

$$Re = \frac{\rho L u}{\eta} \tag{3.13}$$

図 3.8 体表のぬめり物質によって渦の発生を抑えて，楽に泳ぐ。

は，レイノルズ数と呼ばれる。u は代表的な速度(平均速度など)，L は代表的な長さ（管径，船の長さなど）である。Re が 1000 程度を超えると乱流が発生する。

　乱流では小さな渦が生じて物質の移動は滑らかでなく，流動抵抗が大きい。液体に微量の高分子物質を溶かすと渦の発生が抑制され，乱流の発生を抑えることができる（**図 3.8**）。乱流抑制効果あるいはトムズ効果と呼ばれる。パイプラインによる石油輸送,消火ホースの水流などの抵抗の低減に応用されている。どこかの海軍では魚の体表のぬめりを参考にして，船の抵抗を減らす研究が行われているとのことである。乱流理論やトムズ効果の理論は難解であるが，一般向きには中川の著書に嚙み砕いて記述されている。

第4章
レオロジーの基本的な概念（3）——
粘弾性

　加硫前の生ゴムは一見普通のゴムであるが，静置すると流れて平たくなる。ねばねば液体のスライムは，急に引っ張るとゲルのようにちぎれて跳ね返る。これらの物質では，固有の特性速度（特性時間）を基準として，粘性的あるいは弾性的な振舞いがみられる。この章では，粘弾性の表し方，測定法，粘弾性物質の一般的性質について述べる。

1　粘弾性とは

　変形によって分子の配置が平衡状態からずれると，平衡状態に戻ろうとする復元力が発生する。完全弾性体や純粘性体では分子の運動が速くて，瞬時に平衡状態に戻る。これらの場合には，ひずみあるいはひずみ速度と応力が1対1で対応し，物質のレオロジー特性は弾性率や粘度などの定数で表される。コロイド粒子や高分子では熱運動が遅いので，平衡に戻る時間が観測できる程度に長くなる。力は時間とともに減少し，レオロジー特性は定数の代りに時間の関数で表される。このような物質は粘弾性物質と呼ばれる。基本的な観測法は応力緩和とクリープである（図4.1）。

　応力緩和では物体に一定ずり γ_0 を加え（階段形変形），後の時刻 t におけるず

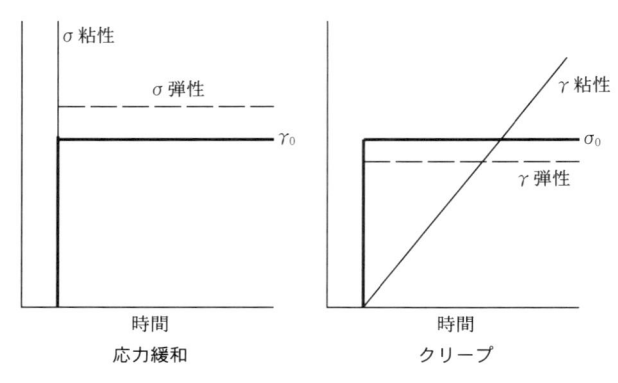

図 4.1 時間によって変化する粘弾性ひずみ-応力関係の単純な調べ方は，ひずみを一定 γ_0 とする応力緩和と応力を一定 σ_0 とするクリープである．完全弾性体（破線）ではそれぞれの測定法での応力，ひずみは一定になる．純粘性体（実線）では，ひずみ一定のとき，応力は瞬間的に発生して消える．応力一定のときには時間に比例して増加する．

り応力 $\sigma(t)$ を測定する．応力とひずみの比 $G(t) = \sigma(t)/\gamma_0$ を緩和剛性率と呼ぶ．弾性体の剛性率の一般化である*．

クリープでは一定ずり応力 σ_0（階段形応力）に対するずりひずみ $\gamma(t)$ を測定する．ひずみと応力の比 $J(t) = \gamma(t)/\sigma_0$ をクリープ・コンプライアンスと呼ぶ．

粘弾性固体

$G(t)$ は弾性体では一定，粘性体では変形の瞬間には無限大で直ちに 0 になる．粘弾性体では時間とともに減少する．最終的に 0 でない有限値すなわち平衡剛性率 G_e になる場合，物質は粘弾性固体とする．この場合には応力を 0 にして形を自由にすると，物体は元の形に戻る（**図 4.2**）．

$J(t)$ は増加関数であり，粘弾性固体では一定値 J_e（平衡コンプライアンス）に近づく．応力を取り除くと形は徐々に元に戻り（クリープ回復），最終的には元の形に戻る．ひずみはすべて回復性（弾性的）で，応力より遅れて生じるの

---

* 本書ではずりひずみとずり応力の関係を例として話を進める．伸長と張力でも関係は同じで，緩和剛性率の代りに緩和ヤング率が特性関数になる．

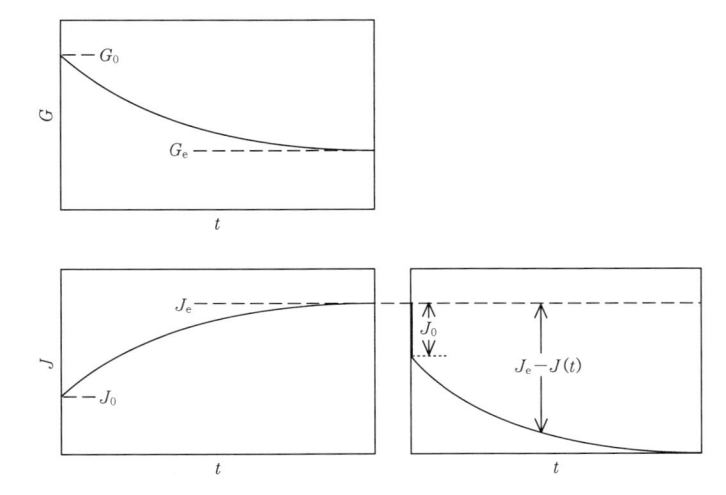

図 4.2 粘弾性固体の応力緩和(上)およびクリープとクリープ回復（下）

で遅延弾性変形と呼ばれる。

このような粘弾性固体では無応力の状態で固有の形があり，応力下では充分長時間で応力に応じた形になる。長時間の極限では弾性体と同じである。変形直後には粘性体同様大きな応力が発生し，応力をかけた直後には粘性抵抗が作用して変形が遅れる。

$G(t)$ はパラメータを用いて，**表 4.1** に示すような関数で表すのが一般的である。$\tau_p(\tau_1 > \tau_2 > \tau_3 \cdots$ とする) は緩和時間，G_e は平衡剛性率，$G_0 = \sum_p G_p + G_e$ は瞬間剛性率と呼ばれる。$J(t)$ についても同様で，λ_p は遅延時間，J_0 は瞬間コンプライアンスと呼ばれる。関係 $G_0 J_0 = 1$ は両実験における変形直後のひずみと応力から，$G_e J_e = 1$ は平衡状態で固体であることから容易に理解できる。

粘弾性液体

$G_e = 0$ の場合には応力は完全に緩和して，最初の形の記憶は残らない。このような物質は粘弾性液体と呼ばれる。クリープ実験ではひずみは限りなく増加し，長時間ではひずみの増加は時間 t に比例し，t/η と表すことができる。ずり速度を一定とした定常ずり流動と同じだから，η は定常流粘度で t/η は回復しない

表 4.1 粘弾性固体の基本関数とパラメータ

関数とパラメーター	関係式
緩和剛性率	$G(t) = \sum_p G_p \exp(-t/\tau_p) + G_e$
クリープ・コンプライアンス	$J(t) = J_0 + \sum_p J_p [1 - \exp(-t/\lambda_p)]$
瞬間剛性率 G_0	$G_0 = \sum_p G_p + G_e$
瞬間コンプライアンス J_0	$G_0 J_0 = 1$
平衡剛性率 G_e	$G_e J_e = 1$
平衡コンプライアンス J_e	$J_e = J_0 + \sum_p J_p$

流動ひずみを表す。変形途中で応力を除くと変形が元の方向に戻り，クリープ回復が生じる。ひずみのうち t/η は回復せず，$J(t) - t/\eta$ が元に戻る回復性ひずみである（**図 4.3**）。

粘弾性液体の特性もパラメータを用いて**表 4.2**のように表される。粘弾性液体の場合には $J_e = J_0 + \sum_p J_p$ は定常コンプライアンスと呼ばれる。応力 σ_0 の定常ずり流動の最中に応力を 0 としたときに回復するひずみは $\sigma_0 J_e$ で表すこと

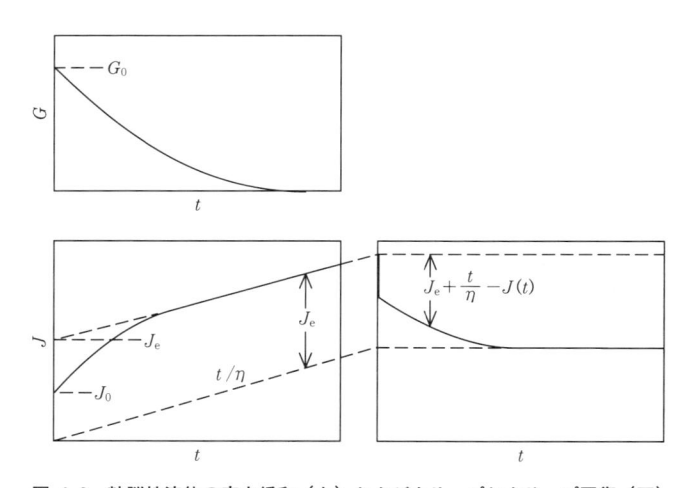

図 4.3 粘弾性液体の応力緩和（上）およびクリープとクリープ回復（下）

表 4.2　粘弾性液体の基本関数とパラメータ

関数とパラメーター	関係式
緩和剛性率	$G(t)=\sum_p G_p\exp(-t/\tau_p)$
クリープ・コンプライアンス	$J(t)=J_0+\sum_p J_p[1-\exp(-t/\lambda_p)]+t/\eta$
瞬間剛性率 G_0	$G_0=\sum_p G_p$
瞬間コンプライアンス J_0	$G_0 J_0=1$
定常流粘度 η	$\eta=\sum_p \tau_p G_p$
定常コンプライアンス J_e	$J_e=J_0+\sum_p J_p=\sum_p \tau_p^2 G_p/\eta^2$

ができる。η および J_e と τ_p, G_p の関係式は後述の粘弾性関数の相互変換から導かれる。

粘弾性の力学模型

　伸び γ_s と力 σ_s が比例する弾性要素（ばね）と，伸びの速度 $\dot{\gamma}_d$ と力 σ_d が比例する粘性要素（ダッシュポット）を用いて，粘弾性を表す力学模型を作ることができる。ダッシュポットは水に浸した注射筒のようなものと考え，内筒の移動速度と水流による抵抗が比例すると考える。各要素の性質は $\sigma_s=G_s\gamma_s$, $\sigma_d=\eta_d\dot{\gamma}$ によって表される。上側につけた点は時間による微分 (d/dt) の意味である（図 4.4）。

　両者を並列につないだフォークト・ケルビン模型（表 4.3 左）では，模型の

弾性要素　　　粘性要素
（バネ）　（ダッシュポット）

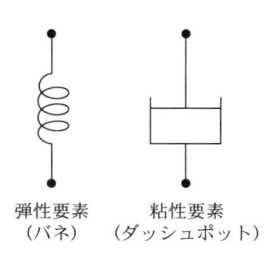

図 4.4　粘性と弾性の力学模型

両端間の伸び γ と各要素の伸びはすべて同じ $\gamma=\gamma_s=\gamma_d$ で，両端間に作用する力 σ は，各要素の力の和 $\sigma_s+\sigma_d$ に等しい。これらの関係から γ と σ の関係を表す方程式 $\sigma=G_s\gamma+\eta_d\dot{\gamma}$ が得られ，$G(t)$，$J(t)$ を求めることができる。結果は表にまとめた。

応力緩和では，粘性的な応力は変形の瞬間に生じてすぐ消えて，弾性力のみが残る。緩和時間は 0 である。$J(t)$ は表 4.1 の表式で，遅延時間が 1 個の場合にあたる。フォークト・ケルビン模型は最も単純な粘弾性固体の模型である。緩和時間や遅延時間を多数含む一般的挙動は，多数のフォークト・ケルビン模型を直列に連結した一般化フォークト・ケルビン模型で表すことができる。

粘弾性液体の力学模型で最も単純なのは，ばねとダッシュポットを直列に結合したマクスウェル模型である。この場合には各要素のひずみの和が全ひずみとなり，各要素に作用する力は模型に作用する力に等しい。計算結果を**表 4.3** に示す。

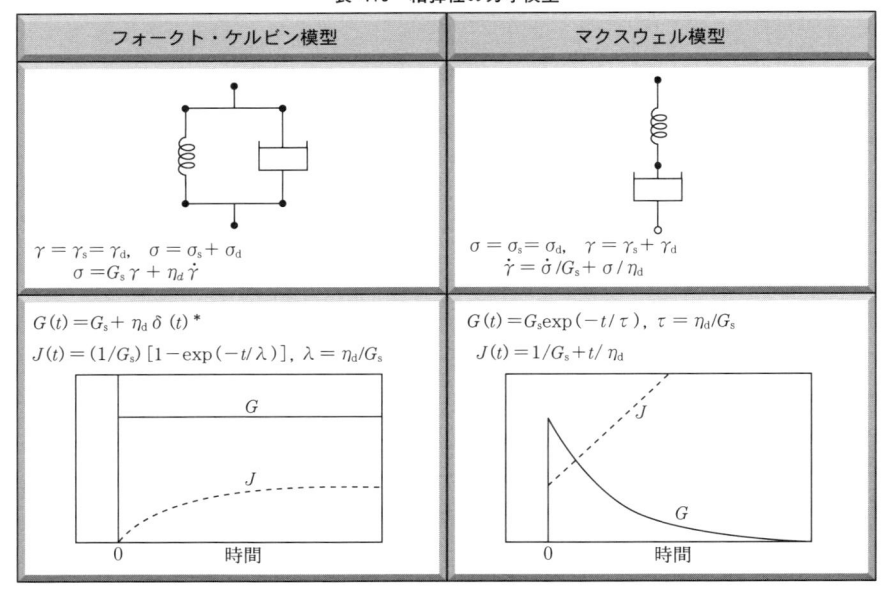

表 4.3 粘弾性の力学模型

フォークト・ケルビン模型	マクスウェル模型
$\gamma=\gamma_s=\gamma_d$，$\sigma=\sigma_s+\sigma_d$ $\sigma=G_s\gamma+\eta_d\dot{\gamma}$	$\sigma=\sigma_s=\sigma_d$，$\gamma=\gamma_s+\gamma_d$ $\dot{\gamma}=\dot{\sigma}/G_s+\sigma/\eta_d$
$G(t)=G_s+\eta_d\delta(t)$ * $J(t)=(1/G_s)[1-\exp(-t/\lambda)]$，$\lambda=\eta_d/G_s$	$G(t)=G_s\exp(-t/\tau)$，$\tau=\eta_d/G_s$ $J(t)=1/G_s+t/\eta_d$

* $\delta(t)$ はデルタ関数。$t=0$ において無限大，他の t では 0 である。

応力緩和における応力は弾性力で，1個の緩和時間で緩和する．クリープひずみのうち弾性ひずみは J_0 に相当し，遅延時間を持つ項はない．一般的な粘弾性液体の特性は，マクスウェル模型を並列に結合した一般化マクスウェル模型で表すことができる．

2 いろいろな粘弾性関数

動的粘弾性

応力緩和とクリープは粘弾性の基本的な測定法である．振動ひずみによる動的粘弾性はこれらと等価な情報を与え，測定の感度・精度が高いので，重要な粘弾性測定法である（**図 4.5**）．

振動ひずみ $\gamma(t) = \gamma_0 \cos(\omega t)$ に対して，弾性体では $\sigma(t) = G_0 \gamma(t) \propto \cos(\omega t)$，粘性体では $\sigma(t) = \eta_0 \dot{\gamma}(t) \propto -\sin(\omega t) = \cos(\omega t + \pi/2)$ のように，それぞれひずみと同位相および $\pi/2$ だけ位相のずれた応力が生じる．粘弾性体では，その中間の $0 < \delta < \pi/2$ だけ位相のずれた応力が生じる．

$$\sigma(t) = \sigma_0 \cos(\omega t + \delta) = \sigma_1 \cos(\omega t) - \sigma_2 \sin(\omega t)$$

応力を上式右辺のように分けると，第1項は弾性成分，第2項は粘性成分である．これより，2つの粘弾性関数 $G'(\omega)$，$G''(\omega)$ を定義することができる（**表 4.4**）．後に述べるようにそれぞれ，エネルギーの弾性ひずみによる貯蔵，熱としての損失に関係する量である．

全く同じ振動実験を別の観点から，応力を基準としたひずみの測定，あるい

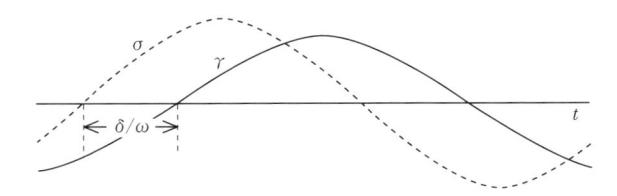

図 4.5 動的粘弾性測定におけるひずみと応力

表 4.4 動的粘弾性関数の定義と相互関係

ひずみと応力	粘弾性関数
$\gamma(t) = \gamma_0 \cos(\omega t)$ $\sigma(t) = \sigma_0 \cos(\omega t + \delta) = \sigma_1 \cos(\omega t) - \sigma_2 \sin(\omega t)$	$G'(\omega) = \sigma_1/\gamma_0$ (貯蔵剛性率) $G''(\omega) = \sigma_2/\gamma_0$ (損失剛性率)
$\sigma(t) = \sigma_0 \cos(\omega t)$ $\gamma(t) = \gamma_0 \cos(\omega t - \delta) = \gamma_1 \cos(\omega t) + \gamma_2 \sin(\omega t)$	$J'(\omega) = \gamma_1/\sigma_0$ (貯蔵コンプライアンス) $J''(\omega) = \gamma_2/\sigma_0$ (損失コンプライアンス)
$\dot{\gamma}(t) = \dot{\gamma}_0 \cos(\omega t)$ $\sigma(t) = \sigma_0 \cos(\omega t - \delta) = \sigma_1 \cos(\omega t) + \sigma_2 \sin(\omega t)$	$\eta'(\omega) = \sigma_1/\dot{\gamma}_0$ (動的粘度) $\eta''(\omega) = \sigma_2/\dot{\gamma}_0$ (呼称未確定)
$\tan\delta = G''/G' = J''/J' = \eta'/\eta''$ (損失正接), $\eta^*(\omega) = \left[\eta'(\omega)^2 + \eta''(\omega)^2\right]^{1/2}$ (複素粘度の大きさ)	
$J' = G'/(G'^2 + G''^2)$, $J'' = G''/(G'^2 + G''^2)$, $\eta'(\omega) = G''/\omega$, $\eta''(\omega) = G'/\omega$	

はひずみ速度を基準とした応力の測定とみなすことができる。それぞれ、一定ひずみによるクリープ・コンプライアンス測定、一定ひずみ速度による粘度測定の延長である。これによって、さらに 4 個の粘弾性関数 $J'(\omega), J''(\omega), \eta'(\omega), \eta''(\omega)$ が定義される。これらはすべて同じ振動ひずみで時間の原点を変えただけなので、関数の間には表の最下行に示す単純な関係が成立する。

複素粘度の大きさは定常流粘度 $\eta(\dot{\gamma})$ と比較するために用いられることが多い (第 3 章「定常ずり流動のレオロジー」(57 頁) 参照)。複素粘度という呼称は、虚数単位 $i = (-1)^{1/2}$ を用いて、粘弾性関数を複素数 $G^*(\omega) = G'(\omega) + iG''(\omega)$, $J^*(\omega) = J'(\omega) - iJ''(\omega)$, $\eta^*(\omega) = \eta'(\omega) - i\eta''(\omega)$ で表すことがあるためである。これによって、表の関係式は $G^*J^* = 1$, $G^* = i\omega\eta^*$ のように簡潔に表される。本書では複素数による表示は用いないので、$\eta^*(\omega)$ は表に示すように複素粘度の大きさを表す記号とする。

動的粘弾性の意味

物体に加えたひずみによって、分子の形や配置が平衡からずれて弾性力が発生し、熱運動で決まる一定の速さで緩和する。速さは緩和時間の逆数 τ^{-1} であ

る。振動ひずみの振動数 ω はひずみの変化速度で，$\tau^{-1} \ll \omega$ の場合には弾性力は緩和するひまがなく，振動ひずみによる弾性力が観測される。一方，$\tau^{-1} \gg \omega$ の場合にはひずみの全段階で弾性力は緩和しており，液体と同様な粘性力だけが観測される。緩和時間に分布がある場合は，平衡に向かっての緩和は速さの異なる幾つかの過程の重なりである。分子の形が多様で，運動の自由度が高い高分子などの特徴である。

以上は一定ひずみの応力緩和の機構を振動ひずみで言い換えただけのことであり，実際 $\log\omega - \log G'(\omega)$ 関係図は，左右逆にすると $\log t - \log G(t)$ 関係図と近似的に一致する（式 (4.11) 参照）。

体積 L^3 の立方体に振動ひずみを加えるときの外力の仕事（毎秒）は，力 σL^2 と速度 $\dot{\gamma}L$ の積だから，単位体積に対するエネルギーの注入速度は $\gamma_0(G'\cos\omega t - G''\sin\omega t)(-\gamma_0\omega\sin\omega t) = \dfrac{\gamma_0^2\omega}{2}(G'' - G''\cos(2\omega t) - G'\sin(2\omega t))$ である。その時間平均 $(\gamma_0^2\omega/2)G''$ は力学的損失で，物質中で熱に変わり，物体の温度が上昇する。G' は振動ひずみの 1/2 周期で物体に蓄えられ，残りの半周期で外界に返されるエネルギーを表す。

定常流に関連した粘弾性関数

粘弾性液体では粘度測定から測定法が発展したという事情から，ずり速度一定の条件下で応力を測定することもあり，それから粘弾性関数を定義することもできる。

$$\eta_\mathrm{g}(t) = \frac{\sigma}{\dot{\gamma}_0} \quad (\text{粘度成長関数；} \dot{\gamma}=0\,(t<0),\ \dot{\gamma}=\dot{\gamma}_0\,(t\geq 0)) \tag{4.1}$$

$$\eta_\mathrm{d}(t) = \frac{\sigma}{\dot{\gamma}_0} \quad (\text{粘度減衰関数；} \dot{\gamma}=\dot{\gamma}_0\,(t<0),\ \dot{\gamma}=0\,(t\geq 0)) \tag{4.2}$$

前者はずり速度一定の流動開始後の応力の増加過程，後者は定常流停止後の応力の減衰過程における測定である。

測定装置

粘弾性液体や軟らかい粘弾性固体に関しては，回転レオメーター（第 3 章）

を用いることができる。$G(t)$, $G'(\omega)$, $G''(\omega)$, $\eta_g(t)$, $\eta_d(t)$ の測定には，ずり $\gamma(t)$ が適当な関数になるように回転速度 Ω を与えてトルク M を測定する。ひずみ制御法という。市販の装置は完成の域に達しているが，高周波数や固い試料の場合には，トルク検出部の慣性や微小な回転による誤差に注意が必要である。

$J(t)$, $J'(\omega)$, $J''(\omega)$ の測定には，フィードバックによって，トルクが時間の関数として規定どおりになるように回転角を調節する応力制御法を用いる。ひずみ制御法に比べて，ソフトウェアへの依存度が高く歴史も浅いので，代表的な試料についてひずみ制御法の結果と比較して，矛盾しないことを確認することが望ましい。

すぐ述べるように種々の粘弾性関数は等価であるが，研究対象によって特に適した関数がある。軟らかいゲル状の試料や比較的低粘度の試料では，$J(t)$ が感度的に有利な場合がある。動的粘弾性はいずれの方法でも測定できるが，ひずみ振幅一定のひずみ制御法と応力振幅一定の応力制御法の結果の比較によって，非線形性についてよい見通しが得られる場合がある。

3 線形粘弾性関数の性質

フック弾性やニュートン粘性は，刺激 ($\gamma, \dot{\gamma}$) と応答 σ の比例関係である。物質特性は定数（弾性率，粘度）で表される。粘弾性特性は比例定数の代りに粘弾性関数で表されるが，関数は刺激の大きさを表す γ_0, σ_0 などを含まない。これは変数間の比例関係に対応する関数間の線形関係のためである。

ボルツマンの重畳原理

2つの刺激に対する応答が，独立した各刺激に対する応答の和になるとき，刺激と応答は線形関係にある。時刻 $t=t_1$ に階段形ひずみ γ_1 を加えた場合，t における応力は $\sigma_1(t)=\gamma_1 G(t-t_1)$ で，$t=t_2$ に γ_2 を加えた場合は $\sigma_2(t)=\gamma_2 G(t-t_2)$ である。線形関係が成立すれば，2段階変形 ($t=t_1$, t_2 にそれぞれ γ_1, γ_2)

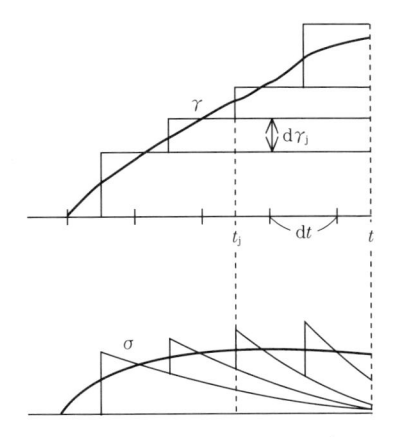

図 4.6 ボルツマンの重畳原理。ひずみを時間の小区間ごとの階段形ひずみに分割する（上）と応力は各階段形ひずみに対応する値の和になる（下）。

後の応力は $\sigma(t) = \sigma_1(t) + \sigma_2(t)$ である。これを一般化して，時間的に変化するひずみと応力の関係式を導く。

時間を長さ $\mathrm{d}t$ の区間に分割して，任意のひずみ $\gamma(t)$ を階段形ひずみ $\mathrm{d}\gamma_j = \dot{\gamma}(t_j)\mathrm{d}t$ の和 $\gamma(t) = \sum \mathrm{d}\gamma_j$ として表すことができる。j 番目の区間 t_j における階段形ひずみ $\mathrm{d}\gamma_j$ によって生じる応力は $\mathrm{d}\sigma_j(t) = G(t-t_j)\mathrm{d}\gamma_j$ だから，全ひずみによる応力は次式で表される（**図 4.6**）。

$$\sigma(t) = \sum_j \mathrm{d}\sigma_j = \sum_j G(t-t_j)\dot{\gamma}(t_j)\mathrm{d}t = \int_{-\infty}^{t} G(t-s)\dot{\gamma}(s)\mathrm{d}s \tag{4.3}$$

これは $\gamma(t)$ と $\sigma(t)$ の線形関係の一般式であるが，粘弾性の分野ではボルツマンの重畳原理と呼ぶ。階段形ひずみの粘弾性関数 $G(t)$ が分かっていれば，任意のひずみに対する応力が求められる。

同様に，応力が与えられたときのひずみを導くこともできる。

$$\gamma(t) = \int_{-\infty}^{t} J(t-s)\dot{\sigma}(s)\mathrm{d}s \tag{4.4}$$

線形粘弾性関数の相互関係

応用例として動的粘弾性関数を求める。式 (4.3) に $\gamma(t) = \gamma_0 \cos(\omega t)$ を代入して，応力の $\cos(\omega t)$，$\sin(\omega t)$ の項の係数を求める。

$$\sigma(t) = \gamma_0 \cos(\omega t) \left[\omega \int_0^\infty G(s) \sin(\omega s) \, \mathrm{d}s \right]$$
$$- \gamma_0 \sin(\omega t) \left[\omega \int_0^\infty G(s) \cos(\omega s) \, \mathrm{d}s \right]$$
$$G'(\omega) = \omega \int_0^\infty G(s) \sin(\omega s) \, \mathrm{d}s, \quad G''(\omega) = \omega \int_0^\infty G(s) \cos(\omega s) \, \mathrm{d}s$$
$$(4.5)$$

同様に，粘度成長・減衰関数も求められる。

$$\eta_\mathrm{g}(t) = \int_0^t G(s) \, \mathrm{d}s, \quad \eta_\mathrm{d}(t) = \int_t^\infty G(s) \, \mathrm{d}s = \eta - \eta_\mathrm{g}(t), \quad \eta = \int_0^\infty G(s) \, \mathrm{d}s$$
$$(4.6)$$

$G(t)$ から粘弾性関数への変換式は逆変換することもできるから，種々の粘弾性関数の情報は等価である。

緩和剛性率が 1 つの緩和時間で表される粘弾性液体，すなわち

$$G(t) = G \exp(-t/\tau) \tag{4.7}$$

に対応する種々の粘弾性関数は次のとおりである。

$$G'(\omega) = \frac{G \omega^2 \tau^2}{1 + \omega^2 \tau^2}, \quad G''(\omega) = \frac{G \omega \tau}{1 + \omega^2 \tau^2}$$
$$\eta_\mathrm{g}(t) = G\tau [1 - \exp(-t/\tau)], \quad \eta_\mathrm{d}(t) = G\tau \exp(-t/\tau) \tag{4.8}$$

これらの式はマクスウェル模型から導くこともできる。表 4.1，4.2 の $G(t)$ のように緩和時間が多数含まれる場合には，これらの関数も和で表される。

ひずみ制御と応力制御の粘弾性関数の関係は式 (4.3) と式 (4.4) を組み合わせれば次のように得られるが，あまり実用的ではない。

$$\int_0^t J(t) G(t-s) \, \mathrm{d}s = t \tag{4.9}$$

ひずみ制御形と応力制御形レオメーターで得られる関数の変換には，表 4.4 最下行の動的粘弾性の関係式を経由するのが現実的である。

緩和スペクトル

式 (4.7), (4.8) から分かるように，粘弾性特性は数値の組 (τ_p, G_p) $(p=1, 2, 3, \cdots)$ で表すことができる。連続関数 $h(\tau)$, $H(\ln \tau)$ を用いて，次のように表現することもできる。

$$G(t) = \sum_p G_p \exp(-t/\tau_p) = \int_0^\infty h(\tau) \exp(-t/\tau) \mathrm{d}\tau$$
$$= \int_{-\infty}^\infty H(\ln \tau) \exp(-t/\tau) \mathrm{d}\ln \tau \tag{4.10}$$

数値の組 (τ_p, G_p) や関数 $h(\tau)$, $H(\ln \tau)$ は，ある緩和時間での緩和強度（緩和の幅）を表すもので，緩和スペクトルと呼ばれる。関数 $h(\tau)$, $H(\ln \tau)$ などは文献を理解するために知っておかなければならないが，データの整理・解釈に特に有用というわけではない。$J(t)$ を出発点として，(λ_p, J_p) の組（遅延スペクトル）を用いることもあるが，事情は緩和スペクトルの場合と同じである。

便利な関係式

装置の精度・感度のよさから，線形粘弾性測定には動的測定が有利である。緩和剛性率を求めるための古典的な近似式

$$G(t) = [G'(\omega) - 0.4 G''(0.4\omega) + 0.014 G''(10\omega) \cdots]_{\omega=1/t} \tag{4.11}$$

はよく用いられる。$\log G'(\omega)$ の変化が緩やかな場合には，右辺第1項だけでもかなりよい近似である。また，次の近似的関係は偶然発見されて理論的根拠はないが，よく成立する。

$$\eta_\mathrm{g}(t) = \eta^*(\omega)_{\omega=1/t} \tag{4.12}$$

$\eta^*(\omega)$ は高分子液体の非ニュートン粘度の推定に用いられる（59頁，93頁参照）が，動的測定を行わなくても，粘度測定の定常流に達する前のデータから非ニュートン性が推測できるので便利である。

現在では手軽な計算機の性能が高いので，$G'(\omega)$, $G''(\omega)$ のデータに適合したパラメーター (τ_p, G_p) $(p=1, 2, 3, \cdots)$ を見つけるのは容易であり，式 (4.8) の関係から各種の粘弾性関数を精度よく計算することができる。1970年頃まで

は緩和スペクトル $H(\ln\tau)$ を求める近似式が用いられたが，現在ではそのメリットは小さい。ただし，手軽に緩和スペクトルを想像するには次の近似がよい。

$$H(\ln\tau) = (2/\pi)\, G''(\omega)|_{\omega=1/\tau} \tag{4.13}$$

たとえば G'' が角周波数 ω_m で極大になるならば，$\tau=1/\omega_m$ くらいの緩和時間の項が密集しているという意味である。

4　固体の粘弾性

粘弾性固体の $G(t)$ を変換すると，次式が得られる．

$$G'(\omega) = \sum_p \frac{G_p(\omega\tau_p)^2}{1+(\omega\tau_p)^2} + G_e, \qquad G''(\omega) = \sum_p \frac{G_p(\omega\tau_p)}{1+(\omega\tau_p)^2} \tag{4.14}$$

貯蔵剛性率 G' はある周波数領域で G_e から $G_0 = \sum_p G_p + G_e$ へ増加し（分散と呼ぶ），損失剛性率 G'' と損失正接 $\tan\delta$ は極大値を取る（吸収）。温度が上昇すると分子運動が速くなり緩和時間が短くなるので，分散・吸収周波数は温度とともに高くなる。したがって，一定周波数で温度を変化させたときも周波数変化と類似の変化が見られる（図 4.7）。

材料の力学的損失

自動車タイヤは回転に伴って伸縮するので，粘弾性による発熱は燃費を悪くする。典型的な走行に対応する振動数 10 Hz，温度 100℃ 前後で，材料の吸収は小さくなければならない。一方，急停止や急発進のときの摩擦は，高い周波数における吸収に関連している。測定装置の都合で，粘弾性は 10 Hz 程度におい

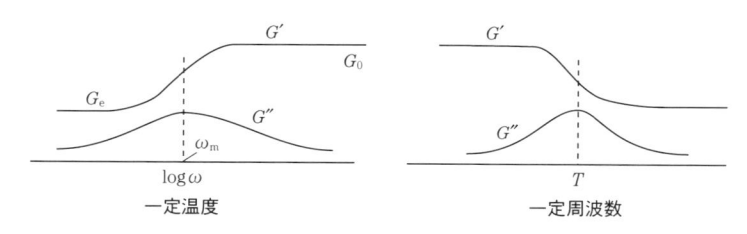

図 4.7　固体の動的粘弾性

て測定しやすいので，材料設計の指針としては吸収の温度変化を指定する。たとえば，熱可塑性エラストマー SBR の場合には，吸収は $-20°C$ において充分低く（高燃費），$-50°C$ では高い（高ブレーキ性能）ように材料設計される。

洗濯機や金属ドアの振動を防ぐために用いる制振材料に，よく用いられるのは 2 枚の鉄板の間に防振ゴムをはさんだ制振鋼板である。防振ゴムは可聴音の周波数 10 Hz～10 kHz の範囲の吸収が大きく，振動エネルギーを吸収する（第 9 章の「物の弾み―弾まぬゴム」(164 頁) 参照)。

タイヤや防振ゴムの吸収周波数は高分子のガラス―ゴム転移（第 5 章）に相当し，吸収はきわめて大きく，剛性率は 10 MPa 程度から 10 GPa 程度まで大幅に増加する。低周波数（高温）側ではゴム状，高周波数（低温）側ではガラス状である。

粘弾性と破壊・強度

ガラス―ゴム転移あるいは結晶の融解により，プラスチックは高温では軟化する。特性温度はガラス転移温度 T_g，結晶融解温度 T_m である。T_g や T_m に近い温度では，荷重をかけておくと伸長して破断する(延性破壊)。クリープ現象と同じ原理である。

一方，T_g や T_m より低い通常の使用温度では，衝撃によって伸長することなく破断する(脆性破壊)。脆性破壊ではきわめて高い周波数での吸収が衝撃を吸収すると考えられる。ビスフェノール A ポリカーボネートは 1 Hz では $-100°C$ を中心に幅広い吸収があり，剛性率が少し低下する。通常使用温度では高い周波数に相当し，良好な耐衝撃性はこの吸収に関係していると考えられている。

5　液体の粘弾性

液体の粘弾性は実用上は流動性との関係が大きい。一方，種々の物質のレオロジー挙動を物質の微視的構造や運動と関連付けて考える際にも有用である。各論については後の章に譲る。

粘弾性液体の動的粘弾性は次式で表される．

$$G'(\omega) = \sum_p \frac{G_p(\omega\tau_p)^2}{1+(\omega\tau_p)^2}, \quad G''(\omega) = \sum_p \frac{G_p(\omega\tau_p)}{1+(\omega\tau_p)^2} + \omega\eta_\infty \quad (4.15)$$

動的粘弾性では高い周波数まで測定が可能なので，通常の応力緩和実験（の短時間側）では検出できない $\omega\eta_\infty$ の項が検出される．緩和時間0に相当する，純粘性的な項である．

G'，G'' は周波数 ω の増加とともに増加し，前者は一定値 $G_0 = \sum_p G_p$ に近づき，後者は極大を経て減少する．緩和時間が1個（単一緩和）であるか狭い時間範囲にまとまっている場合に，$\omega\eta_\infty$ の影響が大きくなければ，G'' の極大（$\omega = \omega_m$）を境にして低周波数側は流動性，高周波数側では弾性として振舞う（**図4.8**）（第9章の「物の弾み—弾む液体」（163頁）参照）．

液体の粘弾性パラメーター

低周波数の極限では G'，G'' はそれぞれ ω^2，ω に比例する．

$$G'(\omega) = A_G \omega^2, \quad A_G = \sum_p G_p \tau_p^2 \quad \text{（呼称未確定）} \quad (4.16)$$

$$G''(\omega) = \eta\omega, \quad \eta = \sum_p G_p \tau_p \quad \text{（ゼロずり粘度）} \quad (4.17)$$

η，A_G はそれぞれ定常流における粘性と弾性を代表する．また，

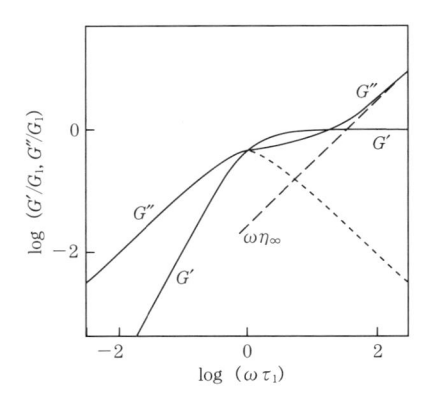

図4.8 単一緩和形の液体の動的粘弾性。純粘性項（破線）があるので，高周波数でも損失剛性率が大きい。

$$J_\mathrm{e} = \frac{A_\mathrm{G}}{\eta^2} \quad \text{(定常コンプライアンス)}, \qquad \tau_\mathrm{w} = \frac{A_\mathrm{G}}{\eta} \tag{4.18}$$

とすると,前者は長時間(定常流)における $J(t)$ の回復性成分で,$J'(\omega)$ の低周波数での値に等しい。定常ずり流動(ずり応力 $\sigma_0 = \eta\dot{\gamma}$)を停止したときの弾性的回復ひずみは $J_\mathrm{e}\sigma_0 = \tau_\mathrm{w}\dot{\gamma}$ で与えられる。

τ_w は定常流緩和時間と呼ぶべきもので,定常流挙動を支配する緩和時間である。$\tau_\mathrm{w} = \sum_p G_p \tau_p^2 / \sum_p G_p \tau_p$ より,長い緩和時間に重点を置いた平均値であることが分かる。単一緩和に近くて G'' が極大を持つときには $\tau_\mathrm{m} = 1/\omega_\mathrm{m}$ も代表的緩和時間で,緩和時間が密集しているところの時間を表す。τ_m は τ_w より小さい。

瞬間剛性率 $G_0 = \sum_p G_p$ の性質は粘弾性液体の弾性力の起源を代表する。からみ合い高分子,エマルションなどでその例に遭遇する。

べき乗則緩和

緩和時間が広範囲に分布している場合には,緩和スペクトルは

$$G_p = G_1, \qquad \tau_p = \tau_1 p^k \tag{4.19}$$

の関係を満たすことが多い。この場合には低周波数極限 (4.16),(4.17) と ω_m の中間の領域で,G',G'' はべき乗則に従う(**図 4.9**)。

$$G', \; G'' \propto \omega^{1/k}, \qquad \tan\delta = \tan\left(\frac{\pi}{2k}\right) \tag{4.20}$$

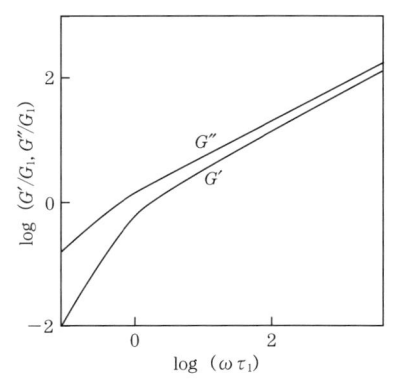

図 4.9 べき乗則緩和形の液体の動的粘弾性。$k = 3/2$ の場合。

この性質は連成減衰振動やフラクタル系などの特徴であり,屈曲性高分子希薄溶液(第7章),ゲル化臨界点(第8章)などで遭遇する。

6 非線形レオロジー

第3章で述べたように定常流粘度 $\eta(\dot{\gamma})$ はずり速度の減少関数である。この場合にはずり速度を2倍にするとずり応力が2倍になるという線形関係が成立しない。法線応力差についても同様である。粘弾性関数の測定結果が,ひずみや応力の大きさを表す γ_0, σ_0 によって変化する場合も線形関係は成立しない。線形関係は刺激が小さいときの極限挙動であり,ひずみ,応力,ひずみ速度などが大きい場合には線形粘弾性の方法は使うことができない。

非線形レオロジーを一般的に処理する手順はわかっていない。力の起源が線形粘弾性と同じで,ひずみによって乱された系の平衡状態への回復が緩和時間に支配される場合には,線形粘弾性の延長として非線形粘弾性を考えることができる。非線形粘弾性については高分子物質の挙動が典型的なので,第5章で論じる。

一方,濃厚な粒子分散系では,粒子の配置は準安定状態であり,粒子の熱運動によって決まった平衡状態に近づくということがなく,系の固有の緩和時間は考えにくい。凝集性の粒子分散系の顕著な非線形性は粘弾性とみなすことはできず,粘弾性とは異なった研究法が用いられる。これらについては第6,7章で論じる。

第5章
高分子レオロジー

　高分子は代表的な粘弾性物質で，粘弾性研究は高分子産業とともに発展した。一方，高分子の溶液や溶融体は統計力学の格好の研究対象で，レオロジーが分子の構造や運動によって理解される好例である。この章では溶融体，濃厚溶液のレオロジーと分子運動による解釈について述べる。

1　分子の構造と形

　高分子は原子が一列に結合して鎖状になった分子である。合成高分子（および天然高分子のセルロースやポリイソプレンなど）は同一の低分子量物質（モノマー）が重合してできたものである。P は重合度と呼ばれる。

ポリエチレン	$(-CH_2CH_2-)_P$
ポリブタジエン	$(-CH_2CH=CHCH_2-)_P$
6ナイロン	$(-OC-C_6H_{12}-NH-)_P$
PET	$(-OC_nH_{2n}O-COC_6H_4CO-)_P$
セルロース，澱粉	$(-C_6H_{10}O_5-)_P$

　多くの高分子は構成単位間に強い相互作用がなく，鎖は屈曲性で自由度が多いので，溶液や溶融体中ではさまざまな形を取り，平均的には丸まった糸まり

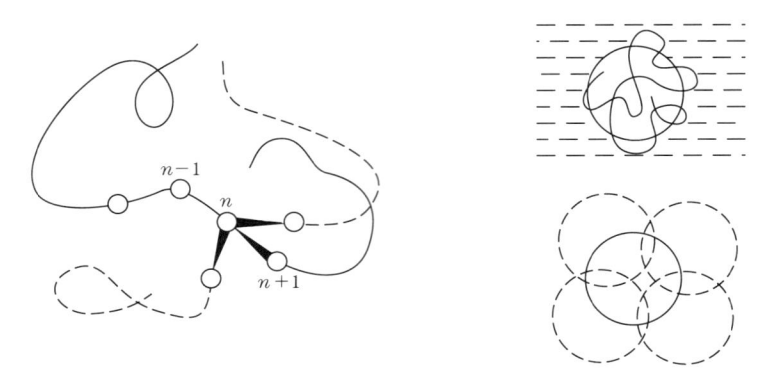

図 5.1 高分子鎖の結合はいろいろな方向を向いているので，高分子鎖は屈曲性である（左）。平均的には球の形で，希薄溶液中では変形しうる粒子であるが，溶融体中では他の高分子の領域と重複して鎖がからみ合っているので，ゴムに似た弾性が生じる（右下）。

（ランダム・コイル）状である（**図 5.1**）。

変形によって生じた平衡からのずれは，いろいろな運動モードを通じて緩和するので，応力は多数の緩和時間で緩和する。希薄溶液については，変形する粒子の分散系の1例として第7章で触れる。溶融体や濃厚溶液では，高分子の糸まり領域は他の糸まり領域と重複するので，高分子鎖が互いの領域に貫通し合いからみ合って，運動が妨げられて，興味深い粘弾性現象が発現する。

2 からみ合い高分子の線形粘弾性

図 5.2 は無定形（結晶化しない）高分子ポリスチレンの貯蔵剛性率 G' と損失剛性率 G'' を角周波数 ω に対して両対数プロットしたものである。ポリスチレンはポリエチレンのHがフェニル基で置きかえられた構造（$-CH_2CHC_6H_5-)_P$ の分子である。高分子の種類によって1桁程度の上下はあるが，曲線の形はほとんど変化しない。温度によって横軸の値は大きく変化するが，それぞれの高分子のガラス転移温度で測定した場合には，大体この図のように角周波数 $\omega = 1\,\text{s}^{-1}$ 前後で G'' が極大になる。図は4つの特徴的な領域に分けることが

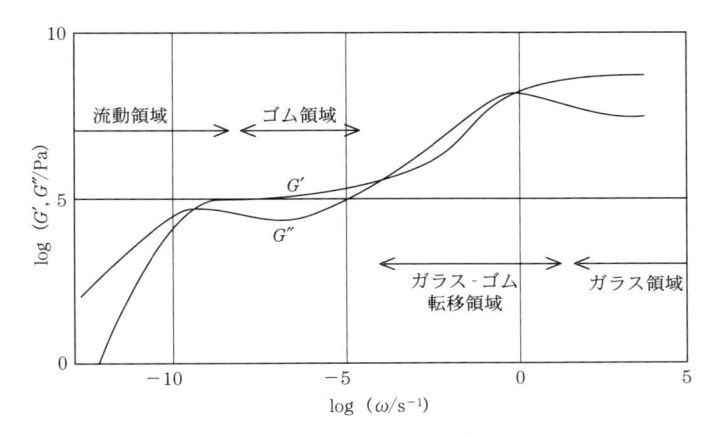

図 5.2　ポリスチレンのガラス転移温度（100℃）における動的粘弾性。

できる。

　周波数の最も低い領域は流動領域と呼ばれる。粘弾性液体の挙動（第 4 章）である。次の領域では G' の ω による変化が小さく，G'' は比較的低い。ゴム弾性体に似た挙動なので，ゴム領域あるいはゴム状平坦領域と呼ばれる。続いて G' も G'' も増加し始め，G'' は極大を持ち，G' は通常のゴムの値（1 MPa 程度）からガラスの値（1 GPa 程度）へ増加する。この領域をガラス－ゴム転移領域と呼ぶ。ω が最も高い領域では G' の変化が小さく，G'' は比較的低くて，ガラス状固体の性質なので，ガラス領域と呼ぶ。分子量が高くなるとゴム領域が幅広くなり，流動領域が低周波数側にずれる。

温度－周波数換算則

　図 5.2 の広い周波数範囲のデータは，直接測定では得られない。初期の粘弾性研究で見出された温度－周波数換算則によって，種々の温度で得られたデータから作成されたものである。

　図 5.3 は図 5.2 の G'' の 1〜100 Hz における実際の測定値である。まず，適当な温度（この場合は 100℃）を基準温度 T_r とする。他の温度 T での測定値を用いて $\log(G'\rho_r T_r/\rho T)$，$\log(G''\rho_r T_r/\rho T)$ を $\log\omega$ に対してプロットして作った曲線は，横向きに平行移動すると T_r における曲線と重ね合わせることがで

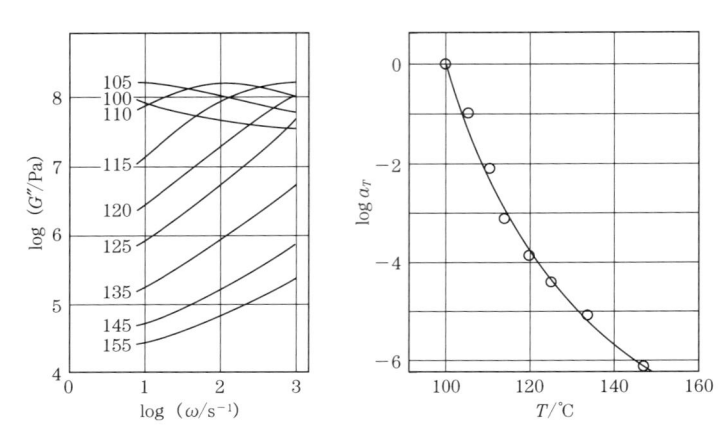

図 5.3 図 5.2 の元になったデータの一部。図中の数字は温度 $T/°\mathrm{C}$。曲線を横にずらして 100°C の曲線に重ねると，図 5.2 の合成曲線ができる（左）。そのときの移動量（右）。

きる。ただし ρ は密度，T は絶対温度で，添え字 r は基準温度における値を表す。これが温度－周波数換算則である。平行移動量を $\log a_\mathrm{T}$ として，a_T を換算因子（シフトファクター）と呼ぶ。

$\log(G'\rho_\mathrm{r} T_\mathrm{r}/\rho T)$，$\log(G''\rho_\mathrm{r} T_\mathrm{r}/\rho T)$ 対 $\log(\omega a_\mathrm{T})$ の図（マスターカーブ）は，基準温度における $\log G'$，$\log G''$ 対 $\log \omega$ の図とみなすことができる。a_T は温度によって大きく変化するので，限られた周波数範囲の測定で広範囲の換算図（図 5.2）を作ることができる。

換算因子の性質

関数の形 $G' = \sum_p G_p (\omega \tau_p)^2 / [1 + \omega \tau_p)^2]$，$G'' = \sum_p G_p (\omega \tau_p) / [1 + (\omega \tau_p)^2]$ より，温度－周波数換算則の成立は $G_p(T)/G_p(T_\mathrm{r}) = \rho T / \rho_\mathrm{r} T_\mathrm{r}$，$\tau_p(T)/\tau_p(T_\mathrm{r}) = a_T$ を意味している。$\rho T / \rho_\mathrm{r} T_\mathrm{r}$ はほとんど変化しないので，換算の様子は緩和時間の温度変化 a_T で決まる。緩和時間を決める分子の摩擦係数は，温度が低下するとガラス転移温度 T_g 付近で急に増加するので，a_T はガラス化する液体の粘度に関するフォーゲルの式（1.4）と同様な変化をする。よく用いられる表現は，提案者 Williams, Landel, Ferry にちなんで WLF 式と呼ばれるものである。

$$\log a_T = \frac{-c_1(T-T_r)}{c_2+T-T_r} \tag{5.1}$$

c_1, c_2 は高分子の種類と基準温度 T_r によって定まる定数である。整理すればフォーゲルの式と等価であるが，高分子については c_1, c_2 に関する詳細な研究があるのでよく用いられる。たとえば，実際のデータがないときに，多くの高分子の平均値 $c_1=8.86$, $c_2=101.6\,\text{K}$（ただし $T_r=T_g+50\,\text{K}$ とする）を用いて温度依存性をおおざっぱに推定することができる。

3 高分子粘弾性の4領域

粘弾性と分子の運動

粘弾性の4領域は高分子の運動による緩和（ひずみによって生じた非平衡状態の平衡化）の様子を代表している。低周波数の流動領域は，他の鎖とのからみ合いをすり抜ける高分子全体の遅い拡散運動に対応する。からみ合いをすり抜けての鎖全体にわたる大規模な伸縮運動は拡散運動より速く，ゴム状平坦領域に対応する。

からみ合い点の間の鎖の伸縮による平衡化は，からみ合い点における滑りに影響されないのでさらに速く，周波数の高いガラス-ゴム転移領域に対応する。この領域では主鎖原子10～20個程度（主鎖原子が炭素の場合）の比較的変形しにくいセグメントと呼ばれる部分を単位として，伸縮あるいはねじれによって

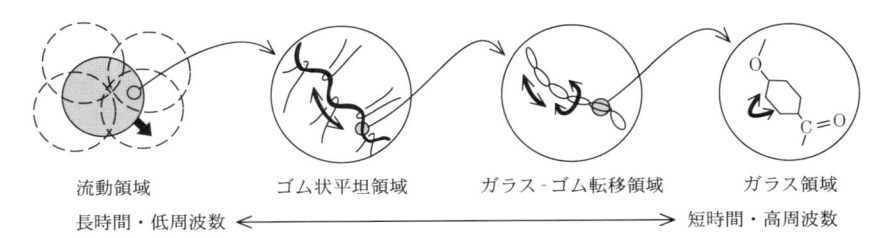

図 5.4 粘弾性の4領域の緩和機構に対応する分子運動。右側が速い運動で，動的粘弾性の高周波数，応力緩和の短時間に対応する。

応力が緩和する。ガラス領域では，セグメント内部の局所的な伸縮やねじれが平衡化する。これはきわめて速い運動である（**図 5.4**）。

それぞれの周波数領域は緩和速度に対応し，周波数の逆数は応力緩和の緩和時間に対応する。$\log\omega - \log G'(\omega)$ 関係図は，左右逆にすると $\log t - \log G(t)$ 関係図と似ていることに注意しておこう（式 (4.11) 参照）。

流動領域の性質

流動領域の性質は高分子の分子量 M によって大きく変化する。図 5.2 は分子量の分布が狭い場合で，流動領域の高周波数側で G'' に極大があり，単一緩和の挙動に近い。本書ではこのような例について考える。

高分子溶融体や濃厚溶液の粘度 η は M によって大きく変化する（**図 5.5**）。

$$\eta = KM^a \quad (a = 3.5 \text{ 前後};\ M > M_c)$$
$$\eta = K'M \quad (M < M_c) \tag{5.2}$$

臨界分子量 M_c は高分子種（溶液では濃度も）によって決まる定数で，後述のからみ合い分子量 M_e の約 2 倍である。$M > M_c$ の系は粘度が高いのみならず，著しい回復性ひずみを示す。このことから，高分子鎖がからみ合ってからみ合い網目ができていて，変形の瞬間にはゴムの弾性類似の力が生じると考えられ

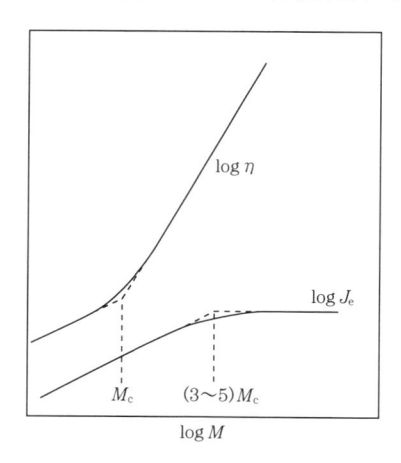

図 5.5 粘度 η と定常コンプライアンス J_e の分子量依存性

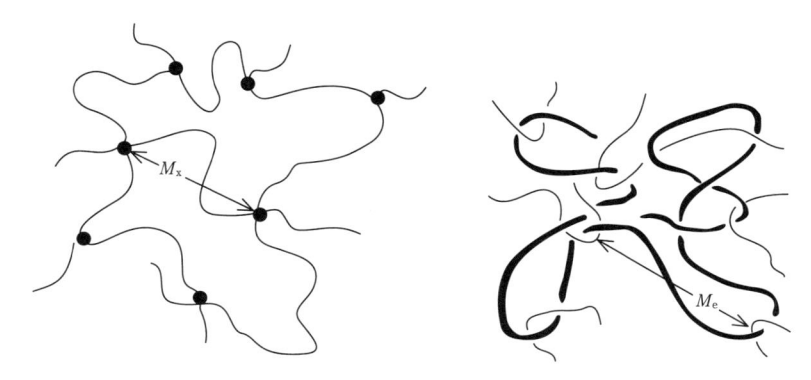

図 5.6 橋架け網目(左)とからみ合い網目(右)。黒丸は化学結合による橋架け点,太線は 1 本の高分子鎖を示す。

た(図 5.6)。

もう一つのパラメーター A_G は複雑に変化するが,定常コンプライアンス $J_e = A_G/\eta^2$ に変換すると,単純なすっきりした形になる(図 5.5)。

$$J_e \propto M^0 (M > (3-5)M_c), \quad J_e \propto M^1 (M < (3-5)M_c) \tag{5.3}$$

代表的緩和時間は G'' の極大にあたる周波数 ω_m の逆数 τ_m あるいは定常流緩和時間 $\tau_w = A_G/\eta$ である。M による変化はいずれも,

$$\tau \propto M^a (a \approx 3.5 ; M > (3-5)M_c), \quad \tau \propto M^2 (M < M_c) \tag{5.4}$$

で,中間的な分子量では変化の様子はそれほど明確でない。

ゴム領域とからみ合い分子量(図 5.6)

ゴム領域における特性は剛性率の一定値 G_N で表される。G_N は平坦剛性率,擬ゴム状剛性率などと呼ばれたが,最近はからみ合い剛性率と呼ばれることが多い。実際には分子量がよほど高くなければ G' はあまり明確に一定にはならないので,$\log \omega - \log G'$ のグラフの変曲点の値を G_N とする。G_N の性質については,次のからみ合い分子量 M_e と関連させて述べる。

付録で述べるようにゴムの剛性率は $G = \nu k_B T = \rho RT/M_x$ で与えられる。M_x は両端が橋架けされた鎖の分子量である。溶融体では高分子鎖が他の鎖とからみ合っていると考えて,両端がからみ合っている部分の分子量,すなわちから

み合い分子量 M_e を想像する。ゴムの剛性率からの類推で，次の関係が成立するとする。

$$G_N = \frac{cRT}{M_e} \qquad (5.5)$$

濃厚溶液も含めるために，密度 ρ の代りに濃度 c を用いる。M_e は高分子の種類（および濃度）によって決まり，温度では変化しない。いくつかの高分子の M_e 値を**表**5.1に示す。M_e 値と分子構造の関係はよく分かっていない。

濃度による変化は多くの高分子について共通である。

$$M_e \propto c^{-a} \quad (a \approx 1.4；比較的低濃度), \quad M_e \propto c^{-1} \quad （高濃度） \qquad (5.6)$$

前者は準希薄領域と呼ばれ，高分子鎖同士は重複するが，排除体積効果（良溶媒で鎖が膨潤する効果）は消えていない濃度領域に対応する。本書では高濃度領域だけ考える。

表 5.1 代表的な高分子のからみ合い分子量

高分子	M_e/kg mol^{-1}
ポリエチレン	1.2
アタクティック・ポリプロピレン	7.3
1,2-ポリブタジエン	3.8
ポリスチレン	18
ポリ塩化ビニル	1.5
ポリイソブチレン	10
ポリメタクリル酸メチル	12
シス-1,4-ポリブタジエン	2.9
40%シス-1,4ポリブタジエン	1.8
シス-1,4ポリイソプレン	6.3
ポリジメチルシロキサン	12
ビスAポリカーボネート	1.6

ガラス–ゴム転移領域とガラス領域

粘弾性固体の特性が見られる領域である。ガラス領域の剛性率 G_g およびガラス転移温度 T_g（周波数軸の値を決める）によって大体の特性が決まる。低分子量で T_g が若干低下する以外は，分子量によって変化しない。曲線の形はガラス化した低分子量液体の形とほぼ同じである。ガラス化の関連したレオロジー特性は分子論的には難しく，今のところ明快な像を示すことはできない。振動変形下での複屈折測定などによって，分子のねじれや伸縮運動と応力緩和の関連が徐々に解明されている（井上正志他，高分子論文集，**53**，602（1996）参照）。

4 からみ合い高分子の粘弾性理論

本書では，ゴム状領域から流動領域の粘弾性について，分子運動の観点から考察する。手がかりはゴム弾性理論（付録参照，185 頁）である。鎖の間に化学結合で橋架けして網目状になったゴムでは，変形にしたがって橋架け点が移動し，鎖は変形主軸の方向に伸びて配向する。物体内の平面を貫くすべての鎖の張力の和がその平面の応力ベクトルになるから，ゴムの応力は容易に計算できる。

力と緩和の起源

高分子を変形させると，互いにからみ合った高分子は急にすり抜けて移動することができないから，変形直後の応力は橋架けゴムと同じ性質のものである。付録に示すように，ずりの場合は，

$$\sigma_{12} = G_N \gamma, \qquad \sigma_{11} - \sigma_{22} = G_N \gamma^2, \qquad \sigma_{22} - \sigma_{33} = 0 \tag{5.7}$$

G_N は式 (5.5) によりからみ合い分子量 M_e から求められる。詳しい理論では $\sigma_{22} - \sigma_{33}$ は小さな負値であるが，本書では立ち入らない。

鎖が網目からすり抜けるにつれて，応力は緩和する。代表的な（最長の）緩和時間を τ とすると，ほぼ $\eta = G_N \tau$ だから，粘度の分子量依存性は τ によって

決まる。からみ合った鎖の緩和時間が長いという観測結果 (5.4) は定性的には理解できるが，$\tau \propto M^{3.5}$ という定量的関係を導くのは難問である。20 世紀中頃には，鎖が他の鎖を引きずって動く（多数の分子がまとまって動くので実効分子量が高くなる）とした Bueche の理論が唯一の解釈であったが，理論上不満足な点が多かった。高分子の運動と緩和時間の関係は 1970 年代に提唱された管模型理論によってようやく明らかになった。現在では管模型理論は相当精密化されているが，ここでは元の理論の要点を紹介する。

管模型と長い緩和時間

鎖はからみ合い網目をすり抜けて移動する。単純化して，周囲の鎖は動かない固定障害とし，移動する鎖は自身に沿って両端方向にだけ移動し，途中から膨らんではみ出すことはないとする。すなわち固定障害物を結んだ管形の領域内で，鎖は前後にのみ移動する。管の直径 a はからみ合い点間距離程度で，分子量 $M = M_e$ の鎖の両端間距離程度である。管の長さ L は M に比例し，$L = aM/M_e$ である。鎖は平衡長さの周りで伸縮していて，伸縮運動によって前後に移動する。一方，伸縮は拡散移動よりずっと速いので，鎖長は一定とみなすことができる。このようなモデルによるからみ合い鎖の拡散理論は 1970 年頃 de Gennes によって提案され，管模型理論あるいは reptation 理論と呼ばれる（**図**

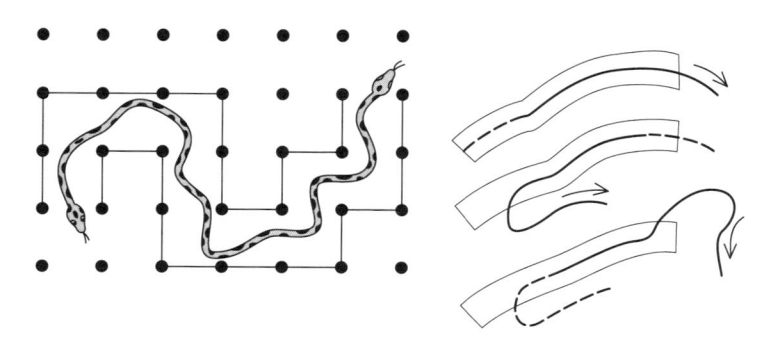

図 5.7 2 次元管模型。くい（隣接高分子）の立った牧場の両頭の蛇（高分子）は，くいを結んだ管領域に沿って前後運動することができる（左）。元の形の記憶（元の管に残った部分）は徐々に消えるが，完全に消えるには長い時間がかかる（右）。

5.7)。

拡散と緩和時間

一般的に，粒子が熱運動で無秩序に移動するとき，移動距離 x と時間 t の関係は拡散係数 $D=k_\mathrm{B}T/\zeta$ を用いて，$\langle x^2 \rangle = kDt$ で表される。k は次元で決まる定数であるが，ここでは重要でない。摩擦係数 ζ は粒子に力 F を加えたときの速度 v から，$\zeta = F/v$ の関係によって求められる量である。

からみ合った高分子の管内運動は 1 次元の拡散で，ζ は L すなわち M に比例し，拡散係数は $D_1 \propto M^{-1}$ である。高分子が管から脱出する時間（脱出時間）は，鎖の重心が L 程度拡散する時間で，

$$\tau_\mathrm{d} \propto \frac{L^2}{D_1} \propto M^3 \quad \text{（修正しない管模型）} \tag{5.8}$$

この運動を 3 次元で見ると，高分子糸まりの重心が，その直径 $2R_\mathrm{G}$ 程度移動することに対応する。R_G の平均は $M^{1/2}$ に比例するから，重心の 3 次元拡散係数の分子量変化 $D_3 \propto R_\mathrm{G}^2/\tau_\mathrm{d} \propto M^{-2}$ が導かれる。これは観測結果と一致する。

τ_d は鎖がからみ合い網目を完全にすり抜ける時間，すなわち応力緩和時間である。式 (5.8) の結果は，強い M 依存性の予測という意味では画期的であったが，観測結果 (5.4) とは一致しなかった。その後，周囲の鎖の移動による管の運動，管壁からの鎖の突きだし，鎖の伸縮などを考慮した修正理論が生まれ，現在では最長緩和時間の分子量依存性だけでなく，もっと短い緩和時間の分布についても観測と一致する結果が得られている（渡辺宏，日本レオロジー学会誌, **32**, 3（2003）参照）。

からみ合いのない $M<2M_\mathrm{e}$ の場合には，拡散経路は自由（3次元）である。1分子あたりの摩擦抵抗点の数（したがって ζ）は M に比例し，3次元の重心拡散係数の分子量による変化は $D_3 \propto \zeta^{-1} \propto M^{-1}$ である。$2R_\mathrm{G}$ 程度拡散する時間は $\tau \propto R_\mathrm{G}^2/D_3 \propto M^2$（からみ合わない鎖）で，この結果は応力緩和時間の観測結果 (5.4) と一致している。

5 非線形粘弾性

非線形粘弾性の例

からみ合い高分子の非線形粘弾性は系統的で分かりやすい。以下の図に示す典型的な例はポリスチレン(分子量 5480 kg mol^{-1})の燐酸トリクレシル溶液(濃度 49 kg m^{-3}),0°Cの結果である(T. Inoue et al., *Macromolecules*, **35**, 1770 (2002) 参照)。

図 5.8 に定常ずり流動における粘度 $\eta = \sigma(\dot{\gamma})/\dot{\gamma}$ および第1法線応力差係数 $\Psi_1 = N_1(\dot{\gamma})/\dot{\gamma}^2$ を示す。$\dot{\gamma}$ の低い極限においては次の対応関係が成立することが理論的に分かっている。

$$\frac{\sigma}{\dot{\gamma}} = \frac{G''}{\omega}\bigg|_{\omega=\dot{\gamma}}, \qquad \frac{N_1}{\dot{\gamma}^2} = \frac{2G'}{\omega^2}\bigg|_{\omega=\dot{\gamma}} \qquad (\dot{\gamma} \to 0) \tag{5.9}$$

これより,$J_e = N_1/2\sigma^2 (\dot{\gamma} \to 0)$ の関係が導かれる。したがって流動を停止すると,$\gamma = \sigma J_e = N_1/2\sigma$ だけのずりが回復する。ゴム状網目弾性体のひずみは $\gamma = N_1/\sigma$ (式 2.9) だから,からみ合い網目の弾性的ひずみは流動停止時に 1/2 だけ回復するということができる。

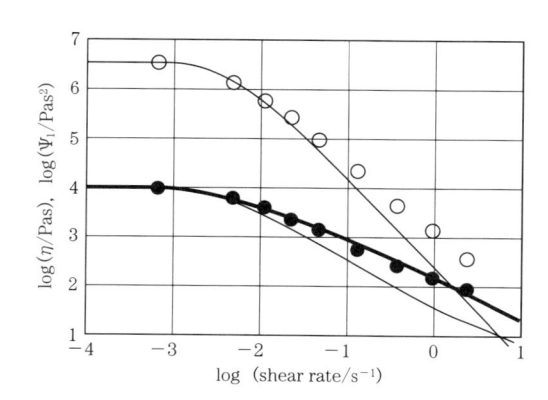

図 5.8 定常ずり流動の粘度 η(黒丸)と第1法線応力差係数 Ψ_1(白丸)。細線は G''/ω と $2G'/\omega^2$,太線は η^*。

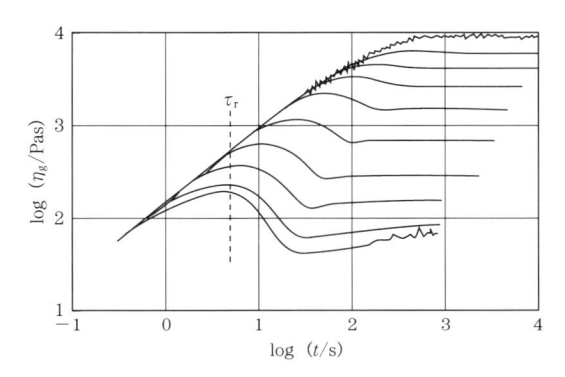

図 5.9 粘度成長関数 $\eta_\mathrm{g}(t,\dot\gamma)$。上から $\dot\gamma/\mathrm{s}^{-1}=0$, 0.005, 0.011, 0.023, 0.05, 0.13, 0.39, 0.97, 2.6, 4.9。

実験結果は式 (5.9) の対応関係の成立を示している。非ニュートン粘度については,経験的対応関係 (Cox-Merz 則) が成立する。

$$\eta(\dot\gamma) = \eta^*(\omega)|_{\omega=\dot\gamma} \tag{5.10}$$

定常流に至る過渡的流動の応力成長に関しては,$\dot\gamma$ が低い場合は $\eta_\mathrm{g}(t,\dot\gamma)=\sigma/\dot\gamma$ は単調に増加して定常値に近づくが,$\dot\gamma$ が高い場合は極大を経た後に定常値に近づく。ストレス・オーバーシュートと呼ばれる現象である。第一法線応力差の成長関数 $\Psi_{1\mathrm{g}}(t,\dot\gamma)=N_1/\dot\gamma^2$ についても同様で,それぞれの極大に対応する時間を t_σ, t_N とすると,近似的に $t_\mathrm{N}=2t_\sigma$ の関係が成立する (**図 5.9**)。

階段形大変形では,緩和剛性率はひずみ γ に依存するので $G(t,\gamma)$ と書く (**図 5.10**)。長時間では次式のように因数分解できる。

$$G(t,\gamma) = G(t)h(\gamma) \tag{5.11}$$

$G(t)$ は微小変形の緩和剛性率である。$h(\gamma)$ はダンピング関数と呼ばれ,高分子の種類や濃度に依存しない普遍的な関数である。

階段形大変形と管模型理論

$G(t,\gamma)$ の性質は Doi-Edwards の管模型理論によって説明することができる (**図 5.11**)。ずり変形後の,からみ合い点間の鎖の伸びを計算してみると,$\langle x_1^2+x_2^2+x_3^2\rangle = \langle (x_{10}+x_{20}\gamma)^2+x_{20}^2+x_{30}^2\rangle = nl^2(1+\gamma^2/3)$ だから,からみ合った鎖は変形の瞬間には平均的に $(1+\gamma^2/3)^{1/2}$ 倍伸びる。伸びた鎖は,管に沿って

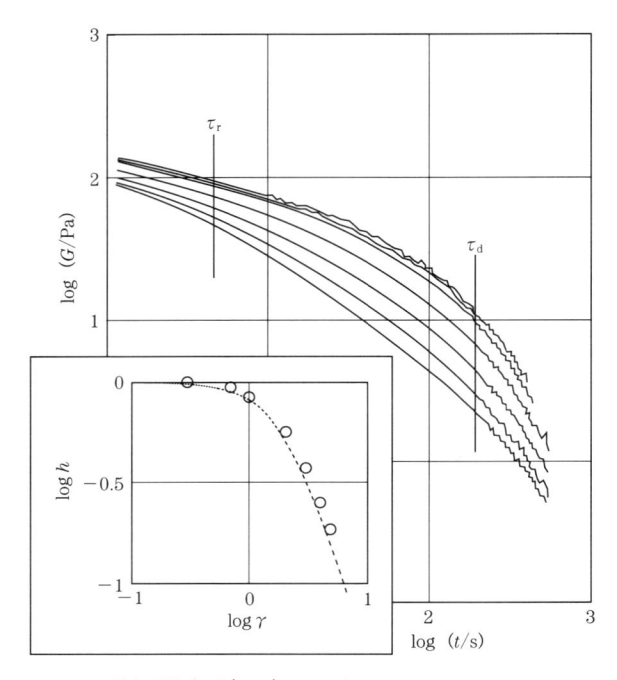

図 5.10　緩和剛性率 $G(t, \gamma)$。上から $\gamma=0.3,\ 0.7,\ 1,\ 2,\ 3,\ 4,$ 5。挿入図はダンピング関数 $h(\gamma)$。破線は管模型の理論値。

収縮する。収縮の特性時間 τ_r は τ_d より極度に小さいことが分かっている。

$$\tau_r \propto M^2 \ll \tau_d \tag{5.12}$$

収縮により鎖の張力は平衡値 $3k_BT/a$ まで低下するが，収縮後も変形した管領域に囲まれているので，小さな応力は残る。その緩和は微小変形のときと同じだから，長時間 ($t \gg \tau_r$) では式 (5.11) の結果が得られる。収縮により鎖長と張力がそれぞれ $(1+\gamma^2/3)^{-1/2}$ 倍になるので，応力は大体 $h=(1+\gamma^2/3)^{-1}$ 倍まで低下する。詳しい理論の結果は若干大きく，ほぼ $h(\gamma)=(1+0.2\gamma^2)^{-1}$ で表される。これらの結果は図 5.10 の観測結果とよく一致する。

法線応力差 $N_1(t)$ も $h(\gamma)$ 倍になり，その後は微小変形のときと同じように緩和する。したがって階段形ずりの応力緩和では弾性体の場合に似た関係 $N_1(t)/\sigma(t)=\gamma$（Lodge-Meissner の式）が成立する。この予測は観測結果と一

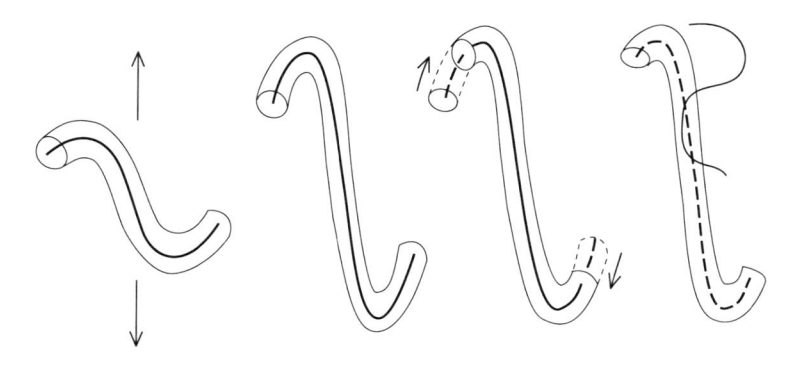

図 5.11 大変形後のからみ合い高分子。左から，変形前，変形直後（伸長と配向），τ_r 後（平衡長さまで収縮，配向は残る），長時間後（配向部分が減少）。

致する。

連続的な大変形と管模型

階段形変形以外の一般的な変形は，階段形変形の重ねあわせとして扱うことができる（第4章の「ボルツマンの重畳原理」(72頁) 参照）。各階段形変形で鎖が伸長・配向し，次の階段までに直ちに収縮するとすれば，大変形にも適用できるレオロジー方程式が得られる。たとえば，ずり変形の場合のずり応力は次式で表される。

$$\sigma(t) = \int_{-\infty}^{t} G(t-s, \gamma(t,s))\dot{\gamma}(s)\mathrm{d}s = \int_{-\infty}^{t} G(t-s)h(\gamma(t,s))\dot{\gamma}(s)\mathrm{d}s \tag{5.13}$$

$$\gamma(t,s) = \int_{s}^{t} \dot{\gamma}(u)\mathrm{d}u$$

$\gamma(t,s)$ は時刻 s から t までの間のずりひずみである。この式は微小変形に対するボルツマンの重畳原理（式 (4.3)）と同じ形で，$G(t)$ の代りに，大変形に対する $G(t,\gamma)$ が用いられる点だけが異なる。この式および $G(t,\gamma)$ の測定値を用いると，定常流応力のずり速度変化や，ストレスオーバーシュート現象などがかなりよく予測できる。たとえば，$\eta_\mathrm{g}(t,\dot{\gamma})$ が極大になる時間は $t_\sigma = 2.2/\dot{\gamma}$ と予測されるが，図 5.9 の $\dot{\gamma}$ の低い領域の結果とよく一致する。

$\dot{\gamma}$ が高い（$>1/\tau_r$）領域ではひずみ速度が鎖の収縮速度より高くなり，鎖が充分速く収縮することはなくて，伸長する．この場合の新しい理論では $t_\sigma = \tau_r$ と予測され，図 5.9 の観測結果と一致する．

Doi-Edwards 理論に先だって，Bernstein, Kearsley, Zapas は大変形の弾性理論（付録参照）と類似の考え方で式 (5.13) と同形式の方程式を提唱した（BKZ 構成方程式）．このような現象理論については Larson の著書に詳しい．

6 分岐高分子の粘弾性

長い枝を持った高分子は管に沿った拡散運動ができないので，緩和時間が長い．分岐点が 1 個の星形分岐高分子の腕の分子量を M_a とすると $\tau \propto \exp(aM_a/M_e)$ で，分子量の高い分岐高分子はきわめて流動性が悪い．分岐点を 2 個以上持つ多分岐点高分子の緩和時間はさらに長い（**図 5.12**）．

星形分岐高分子では大変形で伸長した腕鎖は自身に沿って収縮することができるので，$G(t, \gamma)$ は直鎖高分子と類似の非線形性を示す．一方，多分岐点高分子では分岐点の間の鎖は自身に沿って収縮しにくいので，全く違った性質になる．

図 5.13 に例を示す．1 軸伸長流動の粘度成長関数 $\eta_{eg}(t, \dot{\varepsilon})$ は，伸長ひずみ速度 $\dot{\varepsilon}$ が低い場合には線形ずり粘度成長関数 $\eta_g(t)$ の 3 倍で，単調増加関数であ

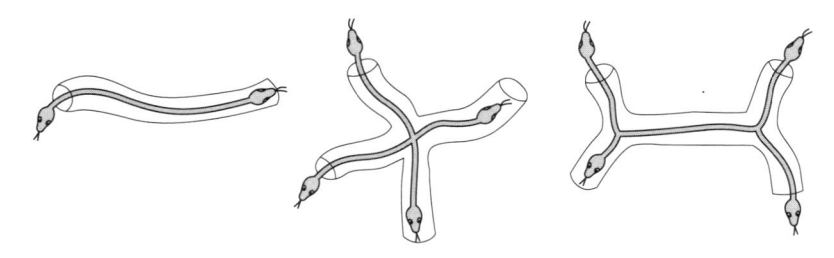

図 5.12 直鎖高分子はからみ合いをすり抜けて管から出ることも，伸縮も，自由にできる．分岐点が 1 個の星形高分子では伸縮は容易であるが，管から抜け出すのは容易でない．分岐点が 2 つになると，分岐点の間の鎖は伸縮することもできないので，外からの変形で管が伸びると，鎖も伸びる外ない．

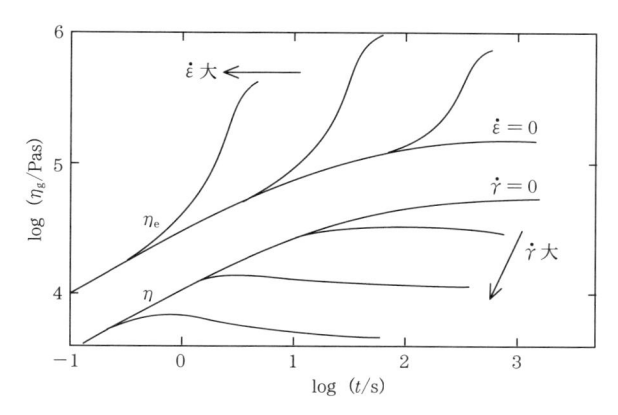

図 5.13　LDPE の粘度成長関数 η_g。上側は1軸伸長粘度 $\eta_{eg}(t, \dot{\varepsilon})$，下側はずり粘度 $\eta_g(t, \dot{\gamma})$。ひずみ速度が低い極限では $\eta_e = 3\eta$ の関係が成立する。

る。$\dot{\varepsilon}$ が増加すると $\eta_{eg}(t, \dot{\varepsilon})$ は増加し，ずりの $\eta_g(t, \dot{\gamma})$ が $\dot{\gamma}$ の増加にしたがって低下するのと対照的である。$\eta_{eg}(t, \dot{\varepsilon})$ はさらに，時間とともに急激に増加する硬化現象が見られる。これは分岐点の間の鎖が収縮できなくて，限りなく伸長するために生じる現象である。このような伸長流動硬化現象は直鎖状高分子では生じない。

　図 1.3 に示したブロー成形用ポリプロピレンは多分岐点高分子であり，一般成形用は直鎖高分子である。伸長流動硬化現象は，液体を繊維状やフィルム状に引き伸ばす流動を安定化させる効果がある。プラスチック容器のブロー成形，ブローフィルム製造などの工程で重要な性質である（第1章「レオロジーと産業」（14頁），第9章「スライムの風船」（167頁）参照）。

第6章
固体粒子分散系のレオロジー

　固体粒子の分散系は懸濁液（サスペンション）と呼ばれる。そのうち粒子が小さい（1～100 nm）場合のコロイドの性質は19世紀から注目され，レオロジー研究のさきがけとなった。粒子は無秩序なブラウン運動のため均一に分散する傾向がある。一方，小さい粒子では表面積が相対的に大きく，粒子間の相互作用の役割が大きい。分散質の体積分率 ϕ と粒子間相互作用にしたがって，無秩序な分散，規則的な分散，凝集などが起こり，多様なレオロジー特性が現れる。

1　分散粒子間の力と分散状態

　媒体中での粒子間の力には剛体的な斥力，ファンデルワールス引力，および帯電粒子では静電的な斥力があり，これらの組み合わせによって，引力になったり，反発力になったりする。

粒子間力の起源

　固体粒子の半径を a とすると，他の粒子は中心同士の距離 $r=2a$ 以内には近づかないから，$r=2a$ に無限大の斥力ポテンシャル V_H（硬い斥力ポテンシャ

ル。r とともに連続的に変化する場合は軟らかいポテンシャルという)があるということができる。

原子間のファンデルワールス力 (VDW) は近距離だけで作用する引力 (r^{-6} に比例するポテンシャル)である。分散粒子は原子より格段に大きいので,接近した粒子の間は接近した平面の間に似ている。多数の原子の間の力が積算されるので,ポテンシャルは Hamaker の理論で表される。

$$V_{\text{VDW}} = -\frac{A}{6}\left[\frac{2a^2}{r^2-4a^2}+\frac{2a^2}{r^2}+\ln\left(\frac{r^2-4a^2}{r^2}\right)\right] \approx -\frac{Aa}{12d} \quad (6.1)$$

A は Hamaker 定数と呼ばれ,分散質と分散媒の組み合わせによって定まる。$d=r-2a$ は粒子表面間距離で,最右辺は近距離 $d \ll a$ での近似である。引力は近距離では強く,遠距離では r^{-3} に比例してゆっくり減衰する。

帯電粒子間に作用する静電力は Derjaguin, Landau, Verwey, Overbeek によって研究され,DLVO 理論と呼ばれる。点電荷によるクーロン・ポテンシャルは r^{-1} に比例するが,水中では反対電荷のイオンが集まった領域(電気 2 重層)で電場が遮蔽されてデバイ・ポテンシャル $V_E \propto \exp(-\varkappa r)/r$ になり,電場は $r=\varkappa^{-1}$ 程度の距離で減衰する。イオン強度の増加により $\varkappa$ は増加し,静電力

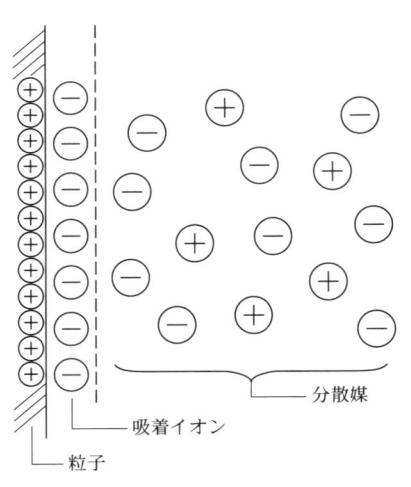

図 6.1 帯電粒子の近くのイオンの分布。近距離には反対電荷のイオンが多い。

は急激に減衰する。粒子の大きさを考慮に入れたポテンシャルは次のように変化する。

$$V_E \propto \ln[1+\exp(-\varkappa d)] \quad （水系：イオンによる遮蔽効果） \quad (6.2)$$

$$V_E \propto r^{-1} \quad （非水系：遮蔽効果なし）$$

電気2重層の厚さ $\varkappa^{-1}$（デバイ長さ）を粒子半径に加えた $a+\varkappa^{-1}$ は静電的に反発する粒子の実効半径である。

水性分散系に塩を加えると凝集が起こる（塩析）。明礬や硫酸アルミニウムが特に有効なのは，イオン強度に対して電荷の多い Al^{3+} の寄与が大きく，$\varkappa$ の増加に有効なためである。一方，媒体中のイオン（イオン性の界面活性剤など）が粒子に吸着することもあり，粒子の電荷が中和されて凝集が生じたり，（吸着量が多いと）吸着した電荷による反発力が再び生じたりする。どの現象が起こるかの一般的判定は難しい。以下では，吸着イオンの電荷は粒子の電荷の一部とみなすことにする（図 6.1）。

粒子間のポテンシャル

帯電粒子の間の全ポテンシャル $V_T = V_H + V_{VDW} + V_E$ を表面間距離 d に対し

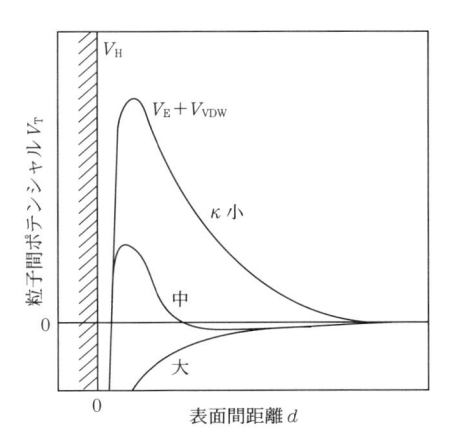

図 6.2 粒子間のポテンシャル。d は表面間距離。表面の反発ポテンシャル V_H と曲線で表される $V_E + V_{VDW}$ の中間に深い谷がある。

表 6.1 粒子間ポテンシャルの型

(1) 水系の場合，一般的に粒子は帯電。 　　(a) イオンが多いと ΔV が低く，凝集。 　　(b) イオンが少ないと V_E による反発が優勢。
(2) 有機媒体の場合，通常は非帯電。 　　(a) 非帯電粒子は通常は凝集。 　　(b) Hamaker 定数の小さい非帯電系。V_H だけ有効で分散。 　　(c) 帯電粒子。媒体の誘電率が低いので V_E は高く，反発。

て図 6.2 に示す。x が小さければ反発力，大きければ引力である。x が中程度の場合には，表面の近くに深い極小，ついで極大，長距離のところに浅い極小がある。浅い極小を基準とした極大の高さ ΔV は粒子が凝集する際に超えるべき障壁である。ΔV が熱運動の力 $k_B T$ より低ければ粒子は障壁を超えて，深い極小点まで近づいて凝集が起こる。粒子間ポテンシャルには，表 6.1 に示すような型が考えられる。

凝集しない分散系の概要

まず，親媒性分散系すなわち分散質粒子間に分散媒が割り込んで，粒子が凝集しない系から考える。粒子が小さい場合にはブラウン運動によって平衡状態が達成され，分散性や物性は体積分率 ϕ とともに系統的に変化し，大きい粒子や凝集性の（疎媒性）分散系と対照的である。凝集しない球形粒子分散系の3つの代表的な分散状態を図 6.3 に示し，球形粒子と棒形粒子について，分散状態

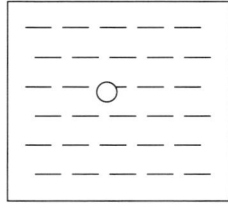

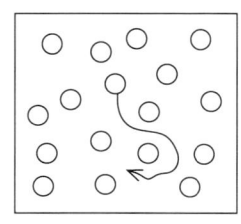

　　希薄分散系　　　　　　無秩序分散系　　　　　規則的配列分散系

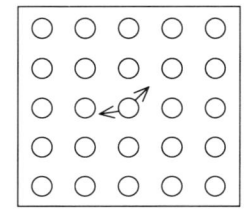

図 6.3 凝集しない球形粒子の分散状態

表 6.2 凝集しない粒子分散系のレオロジー特性

濃度と分散状態	球形粒子	棒形粒子
希薄，孤立分散	ニュートン液体	粘弾性液体
準希薄，無秩序分散	粘弾性液体	粘弾性液体（からみ合い）
濃厚，規則的配列	コロイド結晶	ネマチック液晶

とレオロジー特性を**表 6.2**にまとめる。

希薄な分散系では粒子は孤立していて，粒子間相互作用の効果はなく，個々の粒子の性質が現れる。

やや濃度の高い準希薄領域では，粒子の大きさに比べて粒子間距離は大きく，粒子間力が大きな役割を持たないから，無秩序に分散する。また，粒子は拡散によって移動することができる。媒体を無視すると，粒子の分布と移動の様子は，第1章で見た液体分子の状態に似ている（図1.8）。液体との違いは，粒子の拡散移動が遅いことで，液体の粘性と違って，粘弾性挙動が現れる。

濃厚な領域では，反発する粒子は結晶のように規則的に配列する。球形粒子の斥力による規則-不規則転位は，理論上の発見者にちなんでアルダー転位と呼ばれる。通常の結晶では粒子間の引力が大きな役割を果たすが，反発粒子は規則的配列で極度な接近を避ける。強い静電力の場合にはかなり希薄でも規則的になり，無秩序分散の濃度領域は狭い。イオン強度が増加して電気2重層が縮小すると強い反発の領域が縮小し，高濃度まで無秩序分散が可能になる。界面活性剤によって分散が安定化した粒子も，相当濃厚な領域で無秩序に分散する。

棒形粒子では準希薄の無秩序状態から液晶への転移があり，オンサーガーを端緒とする理論的研究が進んでいる。

2　凝集しない球形粒子分散系

球形粒子の希薄分散系はニュートン液体で，粘度はアインシュタインの理論

によって与えられる（第 2 章）。ずり流動場で回転する粒子と液体の流れのずれから生じる流体力学的な抵抗で，特性は粒子がブラウン運動するか否かには影響されない。

球形粒子の無秩序分散系の粘弾性

硬い斥力ポテンシャル V_H は到達範囲が狭いので，ϕ があまり大きくなければ無視することができる。V_H 以外の力が無視できるのは，帯電しない粒子で Hamaker 定数 A が小さい系である。一般的に粒子と媒体の屈折率が等しいとき A が小さいと予測される。粘度が十分高くて，通常のレオメーターで粘弾性測定ができるほど緩和時間の長い系として，シリカ粒子とエチレングリコール-グリセリン混合系が見出され，球形粒子無秩序分散系の粘弾性が系統的に理解されるようになった。原子間力顕微鏡観察の結果，粒子間力はほとんど 2 nm 以下の近距離における硬い斥力だけであることが分かっている。

図 6.4 の例のように，動的粘弾性は緩和時間が 1 個だけの単一緩和形の粘弾性項と一定粘度 η_∞ の項で表すことができる。

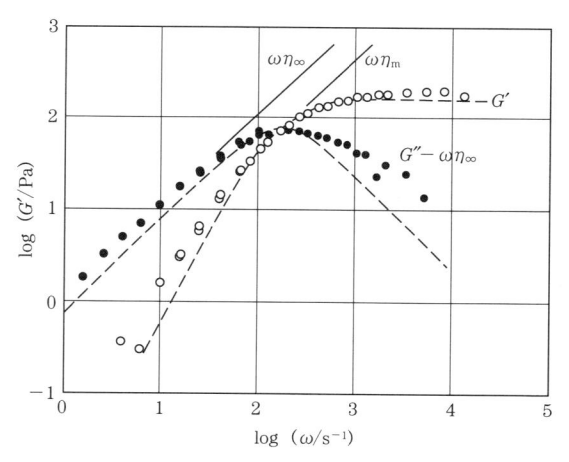

図 6.4 シリカ分散系（半径 7.5 nm，$\phi=0.21$）の動的粘弾性。単一緩和の式（破線）で近似できる（四方俊幸，日本レオロジー学会誌，**25**，255（1997）より引用）。

$$G'(\omega) = \frac{G_0(\omega\tau)^2}{1+(\omega\tau)^2}, \qquad G''(\omega) = \frac{G_0\omega\tau}{1+(\omega\tau)^2} + \omega\eta_\infty \tag{6.3}$$

η_∞ は媒体の粘度 η_m より大きい。

平衡状態で無秩序に分布している粒子が流動によって乱され，元の配置に戻ろうとする粒子の熱運動によって生じる液体の流れが，粘弾性力の起源と考えられる。緩和時間 τ は粒子が半径 a 程度の距離を拡散する時間（ペクレ数 $\tau_p = \pi\eta_m a^3/k_B T$）程度と期待されるが，実験的に求められた緩和時間は，媒体粘度 η_m を η_∞ で置き換えたペクレ数の1/2，すなわち $\tau = \pi\eta_\infty a^3/2k_B T$ に等しい。粒子の間隙が小さくなった結果，拡散の際に粒子が感じる粘性が η_m から η_∞ に増加していると解釈されている。

同様な粘弾性は乳化重合した高分子を含む水系でも観測されるが，結果の解釈には，粒子径に電気2重層の厚さ（デバイ長さ）を加算するなどの修正が必要である。

球形粒子の無秩序分散系の粘度

これらの研究から，凝集しない球形粒子分散系の定常ゼロずり粘度 η_0 の濃度変化がはっきりしてきた。四方らの半実験式

$$\eta_0 = \eta_\infty[1+2.4\phi^2 g(\phi)], \qquad \eta_\infty = \eta_m\left(1+\frac{2.5\phi}{1-1.47\phi}\right)$$

$$g(\phi) = \frac{1-0.5\phi}{(1-\phi)^3}\ (\phi<0.5), \quad g(\phi) = \frac{0.756}{0.63-\phi} \quad (\phi>0.5) \tag{6.4}$$

は希薄極限ではアインシュタインの式に帰着し，$\phi<0.6$ で測定値とよく一致する。分散系の粘度の予測，凝集の有無の判定などに用いることができる。さらに，吸着層を持つ粒子分散系の粘度と比較することにより，粒子の実効体積分率（したがって吸着層を含む粒子サイズ）の推定にも利用することができる。

η_∞ は粒子の充填による流体力学的抵抗による粘度の増加分である。$\phi^2 g(\phi)$ の項が熱運動による粘弾性の効果で，濃厚系では支配的である。$\tau = \pi\eta_\infty a^3/2k_B T$ の関係を用いると，瞬間剛性率の半実験的な関係式 $G_0 = (4.8k_B T/\pi a^3)\phi^2 g(\phi)$ が得られ，粘弾性力の起源が粒子の分布の偏りで蓄えられたエネルギーであるということが理解される。

無秩序分散系の定常ずり粘度は，ずり速度とともに一度低下して，その後ずり速度とともに増加するダイラタント流動になることがある。流動場でやや規則的な（たとえば層状）配列ができて抵抗が減少し，さらに高速では規則性が乱れて抵抗が増加するという説がある。ダイラタント流動しない系もあるので，一般的には未解明である。なお，ダイラタント流動の語源のダイラタンシーはかなり大きい粒子（海岸の砂，馬鈴薯澱粉など）に関するものである。第9章の「澱粉のダイラタンシー」（171頁）の項で解説する。

球形粒子の規則的分散系

帯電粒子の分散液体では，媒体中の塩濃度の変化により規則-不規則転移（アルダー転移）が起こる。規則系は可視光のブラッグ反射による虹彩色を呈する。研究例は多いが，ポリスチレン粒子の分散系の結果を図6.5に示す。塩濃度150 μmol以下では降伏応力 σ_Y を持つビンガム流動（113頁）が観測される。160 μmol以上では虹彩色は消えて乳白色となり，降伏応力も消える。この点において固体（規則的配列）-液体（無秩序分散）の転移が生じたということができる。

σ_Y 以下（流動しない，固体状態）の応力において測定した剛性率 G は $\sigma_Y = 0.0017G$ の関係を満たす。G の値は V_E からの理論的計算値と一致する。これらの結果は剛性率が極めて低いことを除けば通常の結晶の性質（23頁参照）に近い。液体側のゼロずり粘度 η_0 は転移点に近づくと急激に増加する。この増加は塩濃度の低下に伴って電気2重層が厚くなり，反発粒子の有効半径が増加したとして説明することができる。一方，40kHzで測定した動的粘度は媒体粘度に等しく，移転点近くの液体は粘弾性であることが分かる。転移点近傍での剛性率の低下，粘度の上昇，粘弾性は定性的にはゲル化臨界点の挙動に似ている（第8章の「ゲル化臨界点」参照（155頁））。

静電力は粒子サイズに関係なく帯電量で決まるので，小さい粒子が強く帯電していれば，希薄でも規則構造が生じる。有機媒体では誘電率が低いので電場の到達距離が長く，帯電粒子の規則構造ができ易い。反発力が弱い場合や硬い斥力だけのときは，濃厚な系で規則構造ができると期待されるが，濃厚系では粒子の運動性が悪いことなどの問題があり，帯電粒子ほどすっきりしない。

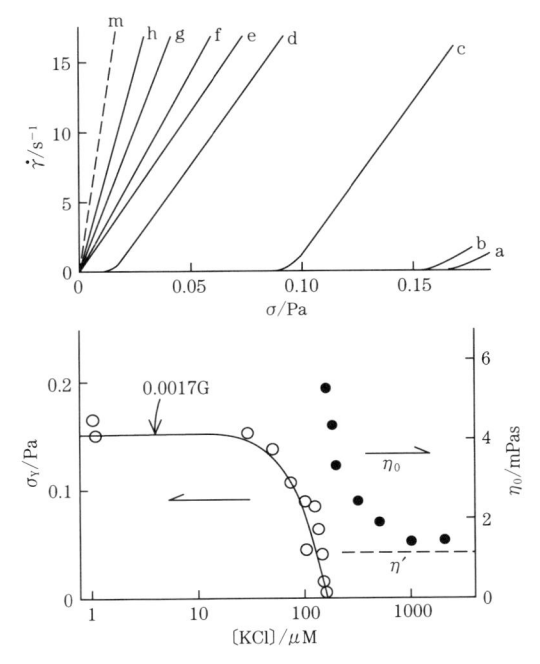

図 6.5 ポリスチレンラテックス分散系（直径 125 nm，帯電数 1240，$\phi=0.117$）の流動曲線；a, b, c, …の順に $[\text{KCl}]/\mu\text{M} = 120, 130, 140, 150, 180, 200, 300, 500$；m は媒体の水（上）。降伏値 σ_Y と粘度 η_0；破線は 40 kHz における動的粘度（下）（美宅成樹他，日本レオロジー学会誌, **7**, 47 (1979) より引用）。

3 凝集しない棒形粒子分散系

棒形粒子分散系の厳密な理論は Doi-Edwards の著書に詳しい．

棒形粒子の希薄分散系

棒形粒子が回転熱運動すると，$k_B T$ 程度の力で液体を回転方向へ撥ね飛ばし，平均的には棒に垂直な方向へ広がる流動と，その流れを補うように棒に沿

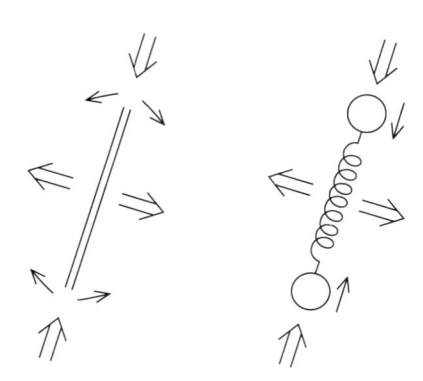

図 6.6 棒が回転熱運動で回転すると，平均的に 2 重矢印のような流動が生じ，定性的には，張力の作用する棒が引き起こす流れと同じである。

って流れ込む流動が発生する．この流れの力は，主として $k_B T$ に比例する棒の張力に対応する（**図 6.6**）．

分散試料を変形させると粒子の配向が偏り，応力が発生する．回転熱運動によって配向が均等化すると，応力が緩和する．均等化速度が応力緩和速度で，回転拡散係数 D_r だけで決まるから，粘弾性は緩和時間 $\tau = 1/6D_r$ の単一緩和挙動で表される．理論により式 (6.3) と同形式の粘弾性が得られ，係数は次のとおりである．

$$G_0 = \frac{3\nu k_B T}{5}, \quad \tau \propto \frac{M^3}{\ln M - K}, \quad \eta_0 - \eta_m \propto \frac{M^2}{\ln M - K}, \quad \eta_\infty = \eta_m + \frac{\nu k_B T \tau}{5}$$
(6.5)

ν は単位体積中の粒子数，K は定数である．この結果は棒形のタバコモザイクビールスを水に分散させた系などの観測結果とよく一致する．

棒形粒子分散系の定常ずり粘度 $\eta(\dot{\gamma})$ は，高ずり速度のとき $\dot{\gamma}^{-1/3}$ に比例して減少すると予測されるが，理論と比較できる観測結果は多分得られていない．

棒形粒子の無秩序分散系

粒子が孤立していることの目安は，回転したとき互いに衝突しないことであ

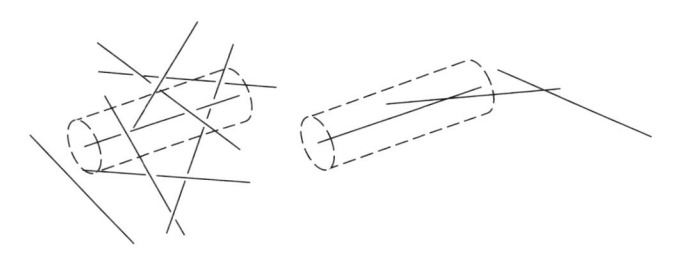

図 6.7 棒形粒子のからみ合い。回転は管形領域に制限される（左）が，長さ方向へ移動するにつれて配向が緩和する（右）。

る。長さ L の棒が中心の周りに回転してできる球の体積は $(4\pi/3)(L/2)^3$ だから，衝突しない条件は $\nu \ll L^{-3}$ である。棒の径を b とすると体積分率は $\phi \approx Lb^2\nu$ だから，衝突しないのは極度に希薄な場合に限られる。

一方，体積分率の小さい $\nu \ll (Lb^2)^{-1}$ の場合は準希薄状態と呼ばれる。粒子間距離が大きいので粒子間力は重要でなく，粒子は無秩序に分散する。太さが無視できるので，軸方向の運動には障害がないが，自由に回転することはできない（**図 6.7**）。

回転可能な範囲は周囲の棒との衝突で決まり，単純化すると棒を囲む管状領域に限られる。からみ合い高分子の管模型と同じ状況である。軸方向へ移動すると管領域も更新されて，配向が変化することができる。相当な角度回転するには，相当距離移動しなければならない。このため長い棒では緩和時間がきわめて長く，粘度も高い。粘弾性は式 (6.3) で $\eta_\infty = 0$ とした式で，パラメーター値は

$$G_0 = \frac{3\nu k_B T}{5}, \quad \tau \propto \frac{\nu^3 M^7}{\ln M}, \quad \eta \propto \frac{\nu^3 M^6}{\ln M} \tag{6.6}$$

で与えられる。

棒のたわみや周囲の棒の移動を考慮すると，長さの効果は低下する。佐藤の詳しい研究がある（大島淳行他, 日本レオロジー学会誌, **22**, 111 (1994))。

棒状粒子の規則的配列

準希薄の条件 $\nu \ll (Lb^2)^{-1}$ が満たされなくなると，分散粒子は互いの太さを

感じるようになる。規則的配列により極端な接近が回避されるが，棒形粒子では平行に並んでネマチック液晶を形成する。長さ方向の位置は無秩序で自由に移動することができるので，結晶ではなく液晶である。濃度の増加と共に，無秩序1相系から液晶-無秩序共存系を経て，液晶1相系へと相転移する。

棒の配向度を表すために棒の方向の単位ベクトル **u** を考える。すべての粒子が特定の方向 **n**（ディレクター）に配列するときは $\langle\cos^2\theta\rangle=1$，完全に無秩序ならば $\langle\cos^2\theta\rangle=1/3$ である。ただし θ は **u** と **n** の間の角度である。配向の程度は0（無秩序）から1（完全配向）まで変化するオーダー・パラメーター $S=(3\langle\cos^2\theta\rangle-1)/2$ で表される。

理論によれば相転移点で S は不連続に増加し，さらに濃度とともに増加する。一方，粘度は S の増加とともに減少するので，液晶の粘度は濃度とともに低下する。また，S はずり速度によってあまり変化せず，粘度も変化しない（**図 6.8**）。

実際の液晶は平衡状態では細かいドメインに分かれている。各ドメインの配向度 S は同じであるが，ディレクターの向きが無秩序である。ドメインに分かれる理由は未解明である。流動方向とディレクターの方向の食い違いやドメイン界面の力のために，流動の際に余分な力が発生し，$\dot{\gamma}$ が減少すると粘度は限り

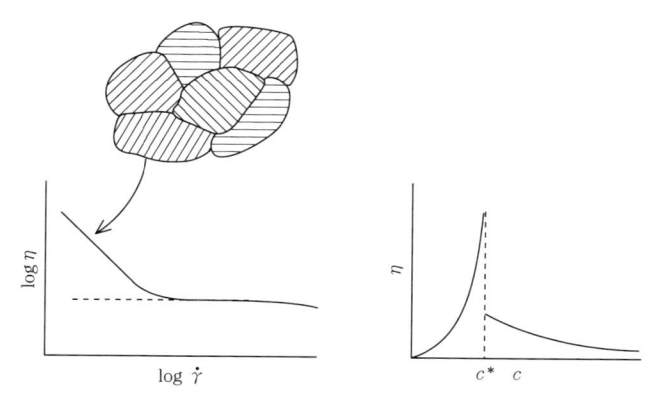

図 6.8 細かいドメイン構造のために液晶の粘度はずり速度とともに変化する（左）。粘度の平坦部の値は無秩序系（$c<c^*$）の値より低く，濃度とともに低下する（右）。

なく増加する。$\dot{\gamma}$ が増加するとドメイン境界が消えて一様な配向になり，粘度は一定値になる。理論値はこの一定値に相当する。液晶の配向度が流動で上昇するのは，S が増加するのではなくて，無秩序なドメインの境界が消滅して全体が均一に配向するためである。

ずり流動中の液晶の流動方向を逆転すると，ディレクターの回転を反映する過渡的挙動が観測される。応力が極大，極小を繰り返し，複屈折の配向角が流動とともに回転する。

ケブラーなどの超強力・高弾性率繊維は，棒状の屈曲性のない高分子から作られた繊維である。このような分子は溶融せず，通常の液体に溶解もしない。発煙硫酸を用いて分子を引き剥がすと，溶液は液晶になる。液晶は低粘度で紡糸（液晶紡糸）が可能で，液状でも既に配向度が高いので，規則性が高く欠陥の少ない超強力・高弾性率の繊維が得られる。

4 凝集性粒子分散系のレオロジー

実用上重要なのは粒子が凝集する疎媒性の分散系である。分散系中には結合していない粒子も含めて，種々の大きさのクラスターが混在している。DLVOポテンシャルでは近距離の谷は深く，いったん結合した粒子は熱運動による結合－解離を繰り返すことがない。また結合粒子は他の粒子の接近を妨げるので，他の粒子はクラスターの中心部分には結合しにくい。したがって，凝集分散系は偶然的に形成された疎な構造のクラスターで構成される。平衡状態ではないので，親媒性分散系のように体積分率によって特性が系統的に変化することは期待できない。

粒子が密に詰まった凝集状態も可能で，疎な凝集より平衡状態に近い。この状態は均一な分散というよりは，塊状の固体と液体の分離（あるいは分離過程）である。疎な凝集体は撹拌によってクラスターが壊れて細かく分散することが多いが，密な凝集を促す場合もあり，系と条件によって何が起こるか分からない（図 6.9）。

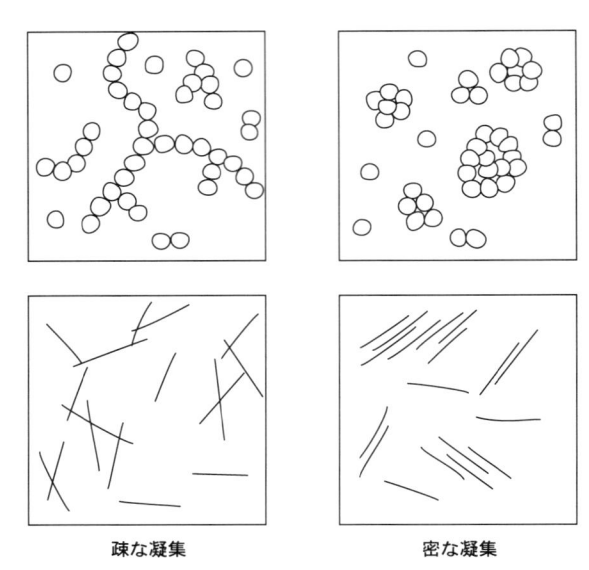

図 6.9 疎な凝集と密な凝集。上は球形粒子，下は棒形粒子。

　体積分率が増加すると大きいクラスターができて，長い緩和時間の原因になる。試料全体につながったクラスターができると，試料全体が粒子間の結合力でつながるので系は流動性を失いゲル化する。クラスターは引張りなどの力で切断され，撹拌や流動の過程では分裂と再生が起こるので，多様な特性変化が生じる。

　まず，伝統的な流動モデルや用語を紹介しておこう。

定常流に関する基本事項（図 6.10）

　粒子分散系のレオロジーにおいて，最初に定式化されたのは定常ずり流動のずり速度 $\dot{\gamma}$ とずり応力 σ の関係である。

　オストワルト流動は降伏値を持たない液体に対して広く適用できるもので，$\dot{\gamma}$-σ 図は逆 S 字形である。粘度 η は低 $\dot{\gamma}$ で一定値 η_0，高 $\dot{\gamma}$ で一定値 η_∞ となる。それぞれ第 1 ニュートン粘度，第 2 ニュートン粘度と呼ぶこともある。流れによって凝集クラスターのサイズが減少することにより粘度が低下すると考え，

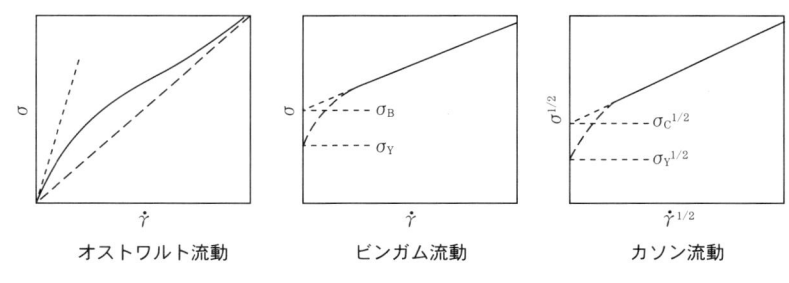

図 6.10 オストワルト流動，ビンガム流動，カソン流動

この特性を構造粘性と呼ぶことがある。

降伏値 σ_Y を境にして，σ_Y 以下では弾性体，σ_Y 以上では連続的な非回復性の変形をするものは塑性物質である。特に，σ_Y 以上で液体のように流動する挙動のモデルとして，ビンガム塑性流動

$$\sigma = G\gamma\,(\sigma < \sigma_B), \qquad \sigma = \sigma_B + \eta_P \dot{\gamma}\,(\sigma > \sigma_B) \tag{6.10}$$

およびカソンの式

$$\sigma^{1/2} = \sigma_C^{1/2} + (\eta_C \dot{\gamma})^{1/2} \tag{6.11}$$

がある。σ_B をビンガム降伏値，η_P をビンガム粘度（塑性粘度）と呼ぶ。σ_C, η_C はカソンの降伏値，カソンの粘度である。狭い $\dot{\gamma}$ 範囲のデータはいずれかの式で表現できるが，測定範囲が広がると破線で示したように外れてくる。低 $\dot{\gamma}$ の極限では，真の降伏値 σ_Y がある場合と，どこまでも流動する（$\sigma_Y = 0$）場合がある。

$\dot{\gamma}$ の広範囲にわたるデータは両対数グラフで表すことが多く，低い $\dot{\gamma}$ 領域で σ が一定値に収束するように見える場合がある。この値を降伏値の目安とする場合もある。これを含めて，σ_B や σ_C は流動している試料の特性であり，擬塑性流動の降伏値という。ゲルが破壊する真の降伏値ではないことに注意すべきである。

構造変化に関する基本事項

撹拌・振動などによって，固体（ゲル）が液体（ゾル）になる現象をチクソトロピーと呼ぶ。系全体に広がる大きい凝集構造の破壊によって生じる。ゲル化した粘土が振動によって液化する底無し沼などに関連する現象である（第 9 章

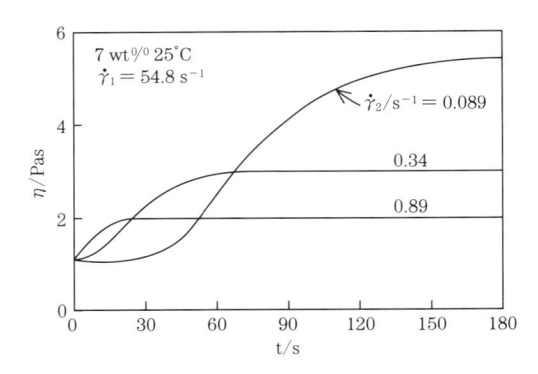

図 6.11 シリカゲル粒子-シリコーン油分散系のレオペクシー。$\dot{\gamma}_1$ の定常状態から $\dot{\gamma}_2$ までずり速度を低下する。粘度は低い定常値から高い定常値へ増加するが，$\dot{\gamma}_2$ が大きいほど増加が速い（四方俊幸他，日本レオロジー学会誌，**12**, 98(1984)より引用）。

の「底無し沼」（170 頁）参照）。

チクソトロピーでゾル化した物質は，時間がたつとゲルに戻るが，撹拌・振動によってゲル化が促進される。この現象をレオペクシーと呼ぶ。粒子や凝集体は熱運動が遅く自発的凝集速度が低いので，外力による移動が凝集を促進する。特に，細長い粒子や平たい粒子で結合点が局限されている場合には，適切な結合の配置を実現するために余分な運動が必要で，外力の効果が著しい。

チクソトロピーは，ゲル-ゾル間の変化に関するものであるが，撹拌・振動などによる液体粘度の低下をチクソトロピー流動と呼ぶ。ずり速度による粘度の低下にも同じ用語が用いられる場合もある。レオペクシー流動は，粘度の回復が撹拌・振動などによって促進される現象である。チクソトロピー流動，レオペクシー流動はいずれも凝集構造の変化に関するものであり，元来のチクソトロピー，レオペクシーの拡張と考えるのは妥当である（**図 6.11**）。

ちなみに，ずり速度とともに粘度が増加するとき，ダイラタント流動という（106 頁参照）。

降伏値の観測

応力制御形レオメーター（第 4 章）を用いると，低応力におけるクリープ測

定によって真の降伏値 σ_Y を調べることができる。**図 6.12** の例では，1 分ごとにずり応力を一定量増やす。20 Pa 以下におけるクリープは平衡剛性率 50 Pa 程度に相当する平衡値に達する。一方，22 Pa 以上では流動が生じる。この変化が見られるのはきわめて狭い応力範囲である。したがって降伏値 σ_Y は 20～22 Pa

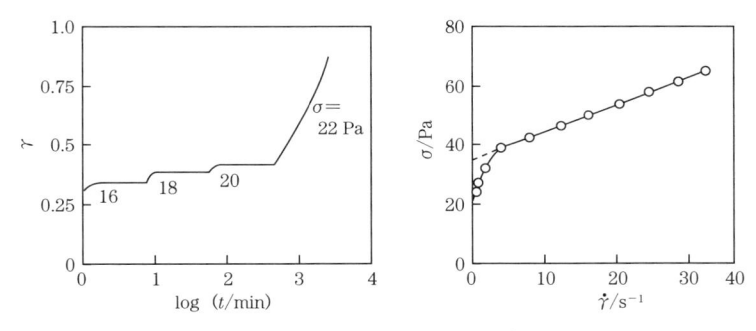

図 6.12 シリカ粒子(半径 5 nm，5 wt%；凝集剤としてポリアクリルアミド 0.5 wt% を含む)-水分散系のクリープ（左）とビンガム・プロット（右）（大坪泰文，日本レオロジー学会誌，**31**，15（2003）より引用）。

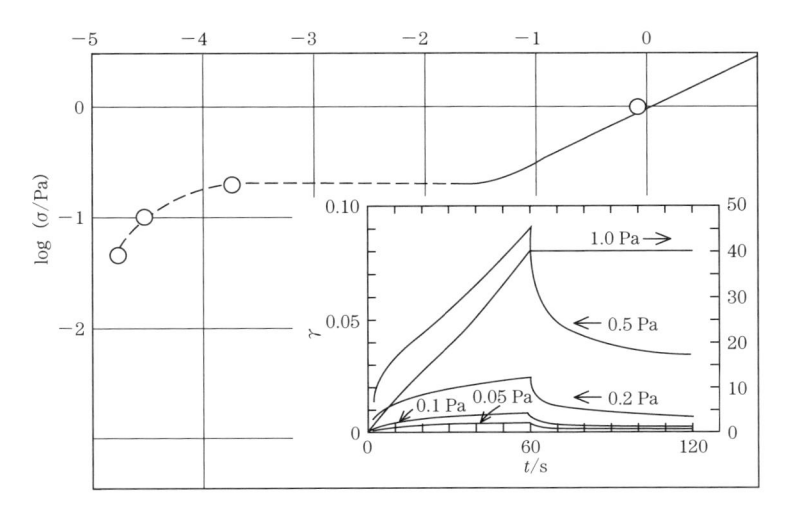

図 6.13 スチレン-メタクリル酸メチル共重合体粒子-水分散系（$\phi = 0.3$；凝集剤としてポリビニルアルコール 0.7 wt% を含む）の定常流応力。実線は定常ずり流動の測定結果，丸印は低応力のクリープ（挿入図）から求めた値（大坪泰文，日本レオロジー学会誌，**23**，75（1995）のデータから計算）。

であり，ゲル構造の破壊ということができる．右図の定常流応力から求めたビンガム降伏値 σ_B は σ_Y の約2倍である．

図 6.13 の例は低 $\dot{\gamma}$ 領域で σ が一定値に近づく試料であるが，さらに低い応力におけるクリープでは粘弾性液体の挙動を示す．これから求められる定常値を $\dot{\gamma}$–σ 図に追加すると，きわめて低い $\dot{\gamma}$ では粘度が一定の通常の粘弾性液体で，降伏値 σ_Y は 0 であると思われる．濃度から考えて広範囲なゲルのような網目構造が存在すると考えるのが妥当だから，結合の寿命が有限と推定される．

種々の応力におけるクリープ曲線を比較すると，$\dot{\gamma}$–σ 図の平坦領域（塑性流動の降伏値）以上の応力では，低応力において見られたクリープの回復性ひずみが減少して，粘性流動が最初から発現する．緩和しない弾性網目が破壊する図 6.12 の場合と対照的に，図 6.13 では粘弾性液体の回復性クリープに相当する有限寿命の網目構造が破壊すると考えられる．ちなみに，からみ合い高分子系では図 6.13 のような非線形クリープが見られるが，回復性クリープ挙動から粘性流動への移行はずっと滑らかで，回復性構造が突然破壊されるようには見えない．

動的粘弾性と第2平坦領域

分散系の動的粘弾性は京都大学の松本らによって精力的に調べられ，松本の著書に詳しい．初期の研究は高分子中の粒子分散系で，高分子のゴム状平坦領域の低周波数側に低い平坦部が見出されたので，第2平坦領域と呼ばれた．粘性液体の粒子分散系では単に緩和時間の長い粘弾性が観測される．化学結合により粒子サイズを変化させた系では，最長緩和時間は粒子の回転緩和時間程度であり，大きい凝集体の緩和時間が長いことは推定できる．

凝集系の長時間緩和挙動の重要な特徴は，顕著なひずみ依存性である．動的粘弾性測定において線形粘弾性応答が得られるひずみ振幅はきわめて低い．多くの場合，応力が正弦関数になる領域で測定したり，応力の高調波成分を除いて計算したりするが，その結果が線形粘弾性関数とは限らない．線形の動的粘弾性は準安定状態の凝集体の構造や運動を反映する．例を後に示す（第7章の「ラメラ状ミセルのレオロジー」（134 頁）参照）．

ひずみと応力をそれぞれ x, y 軸に取ったグラフ（リサージュ図形）が平行四辺形に近い場合には，塑性あるいは擬塑性系として降伏値を見積もることができる。クリープと違って，応力－ひずみの両者が時間変化してやや複雑であるが，見方によっては便利である（第 7 章の図 7.14 参照，139 頁）。

高分子による分散性制御

図 6.12, 6.13 は分散剤あるいは凝集剤として高分子を用いた系である。高分子を用いると多様な分散性制御が可能である。粒子表面に結合あるいは吸着した高分子で，吸着点の数，強さなどの詳細は省いて，簡単に想像される作用は次のとおりである（**図 6.14**）。

(1) 粒子表面を覆って凝集を妨げる（立体効果による分散化）。

(2) 隣接粒子にも吸着して粒子間を結合する（架橋凝集）。

(1)の場合は吸着高分子間あるいは媒体中の高分子とのからみ合いなどで，高分子のような粘弾性挙動も期待される。(2)の場合は外力による切断と，結合の有限寿命による解離がありうる。図 6.13 の場合は結合－解離を繰り返している可能性が高い。ポリアクリル酸で架橋凝集させスチレン－アクリル酸メチル共重合体粒子－水分散系でも，有限寿命網目の挙動（第 8 章，147 頁参照）が観測さ

図 6.14　高分子による分散の制御。a：立体効果による分散，b：架橋凝集，c：depletion 凝集。

れ，均一な寿命の結合があるものと推定される。

さらに，粒子に吸着しない高分子の溶液中では，元来凝集しない粒子が集まって，弱く疎な凝集体（floc）を作る depletion 凝集が知られている。媒体，高分子，粒子の3成分系が媒体-高分子，媒体-粒子の2相に分離するもので，粒子間隙には媒体があり，局所的には反発する粒子の集団である。depletion 凝集領域が大きくなると粒子は規則的配列になり，虹彩色が観測される。吸着した高分子が界面活性剤の添加で粒子表面から駆逐されることや，さらに depletion 凝集が生じる場合もあり，レオロジー挙動の制御法として興味深い。高分子による分散制御については，大坪泰文，日本レオロジー学会誌，**31**，15（2003）に詳しい。

5 ER 流体，磁性流体

電気レオロジー（ER : electro-rheological）流体は電圧をかけることによってレオロジー的性質の変化する液体で，たとえば分極しやすい粒子（酸化チタンなど）を非導電性液体（シリコーンなど）に分散させたものである。この場合は電場によって粒子が分極して電場方向に数珠状に連結して粘度が増加する。液晶分子の電場による配向の変化でも流動性が変化し，ER 効果が生じる。力の伝達，ブレーキ，防振などへの応用が考えられ，効果の大きさ，応答の速さ，物質の安定性などを目標として開発が進められている。

なお，電気粘性効果という古い用語（現在は電気泳動効果）は，電場でのイオンの運動に関して，周囲の逆符号のイオンの運動によって余分な粘性抵抗が生じることで，ER 効果とは関係ない。

磁性流体は 4,3 酸化鉄などの粒子を液体に分散させたものである。磁場によって粒子の凝集，配向が変化して液体が変形，流動する。ER 流体と同様に力学的応用が考えられたこともあるが，現実には，磁気テープの製造段階で関係する分散系の磁気による凝集性の制御が主として研究された。

第7章
分散物が変形する分散系

　牛乳やマヨネーズは液体中に液体粒子が分散したエマルションであり，血液は軟らかい固体が分散した系である。これらの場合には粒子は変形することができる。この外にクリームやグリース状の物質も分散物が変形する系である。分散物の変形にはいろいろな要因があって複雑であるが，できるだけ整理してレオロジー特性を調べてみよう。

1　変形する分散物

　形と変形の観点から，液体中の分散物は次の型に分類できる（図7.1）。

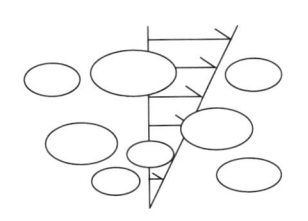

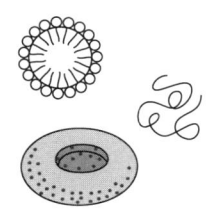

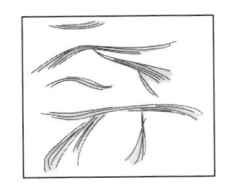

図 7.1　形やサイズが流れによって決まる液体混合物（左），形やサイズの決まったエマルション粒子，赤血球，高分子（中），グリースの中の壊れやすい構造物（右）。

（a） 決まった形やサイズのない分散物。
（b） 決まった形やサイズがあって変形する粒子。
（c） 壊れやすい固形分散物。

互いに溶解しない液体と液体の混合物では，決まった形の構造ができない（a）。静止状態では大きな2相に分離し，重力（密度差）で上下に分かれる。密度差がなくても最終的には2相に分かれ，界面張力によって少量成分が球形になる。流動状態では各相は細かい領域に分かれて，衝突による合一と分裂を繰り返して，ひずみ速度によって決まった平均サイズになるだろう。

界面活性剤によって水中に油（あるいはその逆）を細かく分散することができる。このような液体-液体分散系はエマルションと呼ばれる。液滴は球形で，流動場では変形するが，あまり速い流れでなければ壊れることはない（b）。赤血球（図1.1参照）は液体を内蔵する弾性体の膜で構成される平たい楕円体であり，一本の高分子鎖は糸まりのように丸まっているが，やはり変形する粒子である。これらの粒子の分散系は，粒子の変形を別にすれば，固体粒子分散系とよく似ていて，凝集構造を作ることもある。

グリースは鉱油に金属石鹸を溶解させたものであるが，石鹸は細長い結晶（液晶）のひもになっている（c）。変形しない場合は，ひもがゲル網目の働きをして液体の流失を防ぐ。ひもはひずみによって壊れやすいので，力をかけるとグリースは流動する。多くのクリーム状物質は，同様な壊れやすい分散物を含んでいる。

2 液体混合物のレオロジー

相容性でない2種の液体の混合物については，最近土井-太田の理論によってレオロジー特性解明の糸口が得られた。種々の物理量の次元（単位）を調べる次元解析の方法で，物質の特性を予測することができる。

重力の影響を避けるために，2種の液体には密度差がないとする。あるいは無重力の宇宙空間における混合と考えてもよい。レオロジー特性に関する物質パ

ラメーターは,媒体（片方を媒体とする）の粘度 η_m,媒質の粘度 η_p（あるいは粘度比 $K=\eta_p/\eta_m$），界面張力 α，媒質の体積分率 ϕ だけである。単純化のため $K=1$ とし，ϕ は 0.5 に近いとする。液滴がよく衝突して，分裂・合一が速く定常状態になるようにするためである。これらの単純化は実際上さほど厳しい条件ではなく，以下の結果は体積分率 $\phi=0.2\sim0.8$ 程度で観測とよく一致する。また，kg, m, s などの単位を持たず数値だけで表される無次元量 ϕ や K は以下の理論に影響しないことは明らかであろう。

物質パラメーターの次元（質量 M，長さ L，時間 T；単位と考えると分かりやすい）を調べると，粘度は $ML^{-1}T^{-1}$，界面張力は MT^{-2} である。これらの量の組み合わせ（積や比）で次元 T の量を作ることはできないから，混合物には固有の緩和時間がない。

物質パラメーターと流れのずり速度 $\dot{\gamma}$（次元は T^{-1}）を組み合わせて，次元 L の量 $\alpha/\eta_m\dot{\gamma}=\alpha/\sigma$ を作ることができる。この結果は，定常ずり流動の場合，液滴の大きさが α/σ に比例すること示している。ただし σ はずり応力である。$\dot{\gamma}$ を含む無次元量（粘弾性でおなじみの $\dot{\gamma}\tau$ のような）があれば，$(\alpha/\eta_m\dot{\gamma})(\dot{\gamma}\tau)^n$ も長さの次元であり，液滴の大きさは $\dot{\gamma}$ に逆比例するとは限らない。実際には時間の次元の特性量 τ が存在しないので，α/σ は唯一の解答である。

以下で例に示すシリコンオイルと低分子量のポリイソプレン 7：3 混合物（7 Si-3 PI）の観測によると，定常ずり流動下の液滴は $\dot{\gamma}$ に関係なく軸比 1.5 程度の楕円体で，軸長は α/σ に比例する。

液体混合系の応力

応力の次元の組は $\eta_m\dot{\gamma}$ だけである。上に述べた理由で，定常流の応力は単に $\eta_m\dot{\gamma}$ に比例し，定常ずり流動ではずり応力と第 1 法線応力差はいずれもずり速度に比例する。N_1 の挙動は粘弾性液体と対照的である（式 (5.9) 参照）。

$$\sigma \propto \dot{\gamma}, \quad N_1=\sigma_{11}-\sigma_{22}\propto\dot{\gamma} \tag{7.1}$$

7 Si-3 PI の観測例を図 7.2 に示す。ずり流動の方向を逆転させると直ちに定常流になり，同じ大きさの応力が観測される。これは流れの逆転の際に，液滴は分裂も合一もしないことを示している。

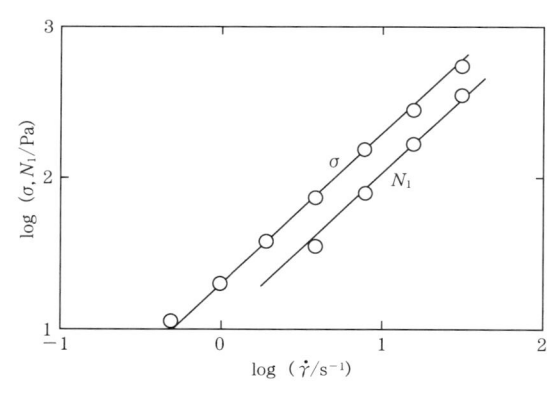

第7章 分散物が変形する分散系

図 7.2 7 Si-3 PI の定常ずり流動の応力。直線の勾配は 1（高橋良彰, 日本レオロジー学会誌, **25**, 247 (1997) より引用）。

ずり速度 $\dot{\gamma}_\mathrm{i}$ の定常流から，ずり速度を突然 $\dot{\gamma}_\mathrm{f}$ に変化させた場合には，液滴のサイズが徐々に変化し，それに応じて応力も変化する。応力の比 $\sigma(t, \dot{\gamma}_\mathrm{f}; \dot{\gamma}_\mathrm{i})/\sigma(\dot{\gamma}_\mathrm{i})$ は η_m, α, $\dot{\gamma}_\mathrm{i}$, $\dot{\gamma}_\mathrm{f}$, および時間 t で決まる無次元量 $\dot{\gamma}_\mathrm{f}/\dot{\gamma}_\mathrm{i}$, $\dot{\gamma}_\mathrm{f} t$ を変数とする関数で表されるはずである（$\dot{\gamma}_\mathrm{i} t$ は $\dot{\gamma}_\mathrm{f} t$ と $\dot{\gamma}_\mathrm{f}/\dot{\gamma}_\mathrm{i}$ の比だから，独立な変数ではない）。

$$\frac{\sigma(t, \dot{\gamma}_\mathrm{f}; \dot{\gamma}_\mathrm{i})}{\sigma(\dot{\gamma}_\mathrm{i})} = f(\dot{\gamma}_\mathrm{f}/\dot{\gamma}_\mathrm{i}, \dot{\gamma}_\mathrm{f} t) \tag{7.2}$$

第一法線応力差 N_1 についても同様である。**図 7.3** の 7 Si-3 PI の実験結果は，予測とよく一致している。

同様な関係は，液滴のサイズの変化にも適用できる。$\dot{\gamma}_\mathrm{i}$ での定常値から $\dot{\gamma}_\mathrm{f}$ での定常値への分裂と合一の過程は，それぞれの定常状態でのサイズの比 $\dot{\gamma}_\mathrm{f}/\dot{\gamma}_\mathrm{i}$ と，液滴の移動量 $\dot{\gamma}_\mathrm{f} t$ によって決まる。流動を止めると液滴は移動しないので衝

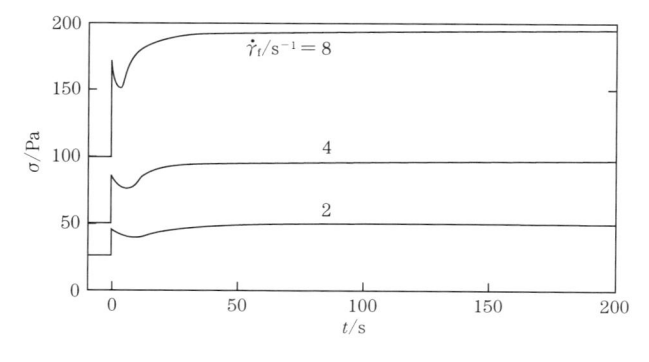

図 7.3 7 Si-3 PI の階段形ずり速度変化 $\dot{\gamma}_\mathrm{i} \to \dot{\gamma}_\mathrm{f}$ ($\dot{\gamma}_\mathrm{f}/\dot{\gamma}_\mathrm{i} = 2$) 後のずり応力。$\dot{\gamma}_\mathrm{i}$ における値（左端）で割ると，すべて同じ曲線になる（出典は図7.2に同）。

突せず，長時間にわたって液滴のサイズは変化しない。

3 変形する粒子分散系の粘弾性理論

　液体混合物のもう一つの極端な例は，界面活性剤で安定化された液滴の分散系（エマルション）である。界面活性剤は1分子中に親水性の部分と親油性（疎水性）の部分を持っている。油滴の表面では親油性部分が油滴に溶解して，親水性部分を外に向けるとちょうど水となじみやすく，液滴の表面が安定化される。粒子は衝突で合一しにくく，また極度に激しく撹拌しなければ分裂もしない，形の定まった粒子である。液滴が高分子を含むラテックスもエマルションである。この他に，変形する粒子としては，弾性体粒子，高分子などが考えられる。

　流動によって変形した粒子には形の復元力が生じ，媒体の粘性と合わせて粘弾性が生じる。ニュートン液体の粒子では形の復元力は表面張力，弾性体粒子では剛性率，粘弾性液体では表面張力と粘弾性である。

液滴の変形と内部の流動

　媒体も分散粒子もニュートン液体である場合を例に取る。半径 r の粒子内の表面張力 α による余分な圧力 α/r は，球形を維持する弾性力である。変形させる流れの力は $\eta_m \dot{\gamma}$ で表される。したがって，その比 $C_a = \eta_m r \dot{\gamma} / \alpha$（キャピラリー数）が小さければ，粒子の変形は小さい。表面張力による形の復元力は弾性的で系は粘弾性を示し，緩和の強度と緩和時間はそれぞれ次の値に比例する。

$$G_a = \frac{\alpha}{r}, \quad \tau_a = G_a \eta_m = \frac{r \eta_m}{\alpha} \tag{7.3}$$

　変形しない球はずり流動場で回転し，粒子表面の流れは粒子の回転速度と同じになるので，液体の流れが乱れる。液体粒子も回転するが，同時に粒子内に流動が生じて，外側の流れの乱れが小さくなる。その結果分散粒子による粘度の増加はアインシュタインの理論（式3.4）よりも小さくなる（図7.4）。

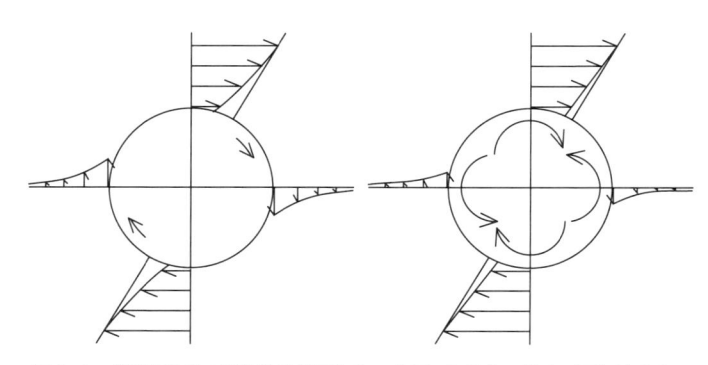

図7.4 ずり流動場で固体粒子は回転し，表面では液体の速度が回転速度と一致するので，液体の流れは大きく乱れる（左）。液体粒子では，粒子内部で流動が生じて，外の液体の流れの乱れは小さい（右）。

Palierneの理論

このような問題について，多少 ϕ の大きな場合も含めた流体力学理論がいくつかあるが，Palierneの理論が使いやすい。分散媒と分散質の粘弾性をそれぞれの貯蔵剛性率 G'_m, G'_p，損失剛性率 G''_m, G''_p で表し，複素剛性率を $G^*_m = G'_m + iG''_m$, $G^*_p = G'_p + iG''_p$ と定義する。$i = (-1)^{1/2}$ は虚数単位である。すべて同じ角周波数 ω のときの値とする。液滴分散系の損失剛性率 $G^* = G' + iG''$ は次式で与えられる。

$$G^* = G^*_m \frac{1+3\phi H}{1-2\phi H}$$

$$H = \frac{4(a/r)(2G^*_m + 5G^*_p) - (G^*_m - G^*_p)(16G^*_m + 19G^*_p)}{40(a/r)(G^*_m + G^*_p) + (3G^*_m + 2G^*_p)(16G^*_m + 19G^*_p)} \quad (7.4)$$

液滴分散系の粘弾性

分散媒も分散質もニュートン液体の場合には，$G^*_m = i\omega\eta_m$, $G^*_p = i\omega\eta_p$ を代入して，次の結果が得られる。

$$\eta = \eta_m \frac{10(K+1) + 3(5K+2)\phi}{10(K+1) - 2(5K+2)\phi} = \eta_m \left(1 + \frac{5K+2}{2K+2}\phi\right) = \eta_m(1 + L\phi)$$

$$(7.5)$$

$$G' = \frac{G(\omega\tau)^2}{1+(\omega\tau)^2}, \quad G'' = \frac{G(\omega\tau)}{1+(\omega\tau)^2} + \eta_\infty \omega \tag{7.6}$$

$$G = \frac{20G_a\phi}{[2K+3-2\phi(K-1)]^2}, \quad \tau = \frac{\tau_a(19K+16)[2K+3-2\phi(K-1)]}{4[10(K+1)-2\phi(5K+2)]} \tag{7.7}$$

$\eta_\infty = \eta - \tau G$

式 (7.7) によれば，粘弾性の緩和強度 G は粒子の弾性的固さ G_a と粒子の量 ϕ に比例し，緩和時間 τ は粒子の形の緩和時間 τ_a に比例して，ϕ にほとんど依存しない．$G'/\phi G_a$，$(G''-\omega\eta_m)/\phi G_a$ を $\omega\tau_a$ に対してプロットしたグラフはほぼ K で決まる．K が大きく（媒質の粘度が高く）なると粘弾性項は小さくなり，性質はニュートン液体（アインシュタイン理論）に近づく．観測値をこのような換算量にするとき，損失剛性率の方は大きい数の差になるので誤差が大きいが，貯蔵剛性率は理論と比較することができる．現実には粒子径に分布があって理論より曲線の形が滑らかになるが，理論値と比較すれば G_a，τ_a の値が得られ，a/r 値を推定することができる．

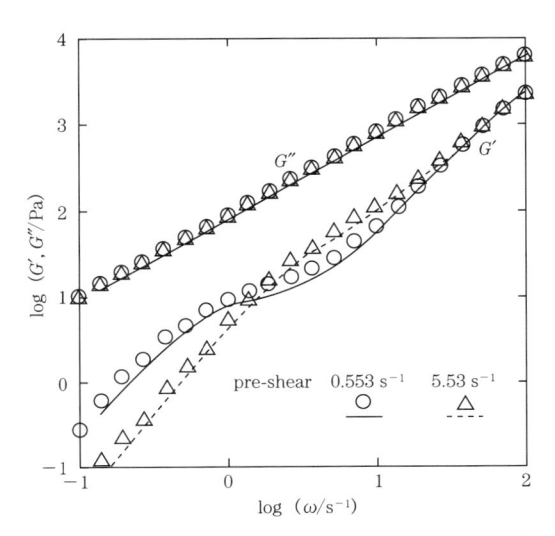

図 7.5 液滴分散系 7 Si-3 PI の動的粘弾性．図中の数字は粒子化するための流動のずり速度，曲線は Palierne 理論の値（出典は図 7.2 に同）．

低周波数では $G'=A_G\omega^2=G\tau^2\omega^2$ の関係があるが，A_G は粘度比 K によってほとんど変化せず，近似的に $A_G\approx4\phi\eta_m^2 r/\alpha$ 程度になる．したがって，定常コンプライアンス $J_e=A_G/\eta^2$ は単純な形 $J_e\approx4\phi r/\alpha$ になり，液滴内部の圧力に逆比例する．

　図 7.5 に示すのは，図 7.2，7.3 の 7 Si-3 PI に近い高粘度液体混合物を，高速のずり流動で液滴分散系にしたものの動的粘弾性である．界面活性剤による安定化粒子ではないが，いったん分散した液滴は，振動変形中は静止状態同様あまり合一しないので，動的粘弾性を測定することができる．液滴の大きさが制御しやすく（大きさは $\dot{\gamma}$ に逆比例，比較的均一），粒子界面の性質が単純なので，理論との比較に適している．媒体が弱い弾性を持つので高周波数で G' は一定にならないが，一定値に相当する平坦部が観測される．粒子が小さくなると，平坦値（$G\propto\phi\alpha/r$）が増加し，ほぼその割合で低周波数での G' 値が低下している（$J_e\approx4\phi r/\alpha$）ことが分かる．

弾性体粒子分散系の粘弾性

　分散粒子が弾性体の場合には，その剛性率 G_p を用いて $G^*_p=G_p$ とすればよい．媒体がニュートン液体なら $G^*_m=i\omega\eta_m$ である．分散系の性質は単一緩和の粘弾性，式 (7.6) で表すことができる．

$$G=\frac{25\phi}{(3+2\phi)^2}G_p, \qquad \tau=\frac{(3+2\phi)\eta_m}{(2-2\phi)G_p}, \qquad \eta_\infty=\frac{3-3\phi}{3+2\phi}\eta_m \qquad (7.8)$$

次元からの予測どおり，G は $G_p\phi$ に比例し，τ は η_m/G_p に比例する．

　希薄な場合の低周波数および高周波数における粘度は，

$$\eta_0=(1+\frac{5}{2}\phi)\eta_m, \qquad \eta_\infty=(1-\frac{5}{3}\phi)\eta_m \qquad (7.9)$$

で，低周波数ではアインシュタインの理論値と一致するが，高周波数では媒体粘度より低く，固有粘度が負になる．測定値を扱う際に（誤差と間違えて捨てないよう）注意しなければならない．

　赤血球は液体を内蔵する弾性膜で構成される．単純化した模型では弾性の球殻で，内部と外部の液体の粘度が異なるとする．理論によれば，4 個の緩和時間

があり，緩和時間分布は球殻の厚さおよび内外の液体の粘度比で変化する。この場合も高周波数の粘度は外部の液体の粘度より低く，観測結果と定性的に一致する（坂西明郎，日本レオロジー学会誌，**31**，59（2003）参照）。

高分子溶液の粘弾性

　高分子もサイズの決まった分散粒子であるが，高分子の溶液は特に詳細に研究されている。粘弾性は液体中での弾性鎖の熱運動から生じる。分子運動の自由度が多いため緩和時間が広く分布し，粘弾性は式（4.19），（4.20）で表されるべき乗則型である。剛直高分子のポリイソシアネートやヘリックス構造をとったポリベンジルグルタメートはたわみやすい棒形で，棒形粒子と屈曲性高分子の中間の挙動を示す。高分子希薄溶液の粘弾性の観測に関してはFerryの著書に詳しく，理論についてはDoi-Edwardsに詳しい。

　希薄溶液ではずり速度による粘度の変化は小さい。ガウス鎖（付録A3，185頁参照）では，流動による鎖の配向（応力減少）と伸長（応力増加）の効果が相殺して，粘度は低下しない。ただし，有限濃度では，重複した高分子コイルの局所的からみ合いなどで粘度が高く，ひずみ速度によって粘度が低下する非ニュートン性が観測される。$\dot{\gamma}$がきわめて高い場合には，定常ずり流動の途中で急激な応力の増加が生じ，不安定流動が生じる。高分子希薄溶液では1軸伸長流動硬化が観測される（第5章の「分岐高分子の粘弾性」（96頁）参照）。これらの非線形現象についてはLarsonに詳しい。

4　エマルションとクリーム状物質

エマルションの構造

　エマルションは水と疎水性液体（パラフィン，脂肪，シリコーンなど）を，界面活性剤で安定化して分散させたものである。牛乳や植物の樹液などのように，多量の物質が流れやすい状態にできること，クリーム，グリースなどの塑

性流動特性が特徴である。

　油中水滴形 W/O, 水中油滴形 O/W が基本であるが, O/W エマルション（滴）が O 中に分散した複合液滴 O/W/O や, 逆に O/W エマルション（連続相）中に O が分散した粒径分布の極端な系などがある。それぞれのレオロジー特性の微妙な差は多様である。

　エマルション調製の基本は, 連続相に溶解する界面活性剤の使用と, 連続相成分へ分散相成分を滴下撹拌することであるが, 現実には温度, 撹拌, 成分添加の順序と速度, 熟成などの手順がいろいろあり, 単純な一般的規則はない（第9章の「マヨネーズ」(173頁) 参照）。

濃厚なエマルション

　界面活性剤で分散安定化されたエマルションの定常粘度 η の例を図 7.6 に示す。図は $K=1.2$ の場合である。K が大きいほど相対粘度は高いが, 定性的

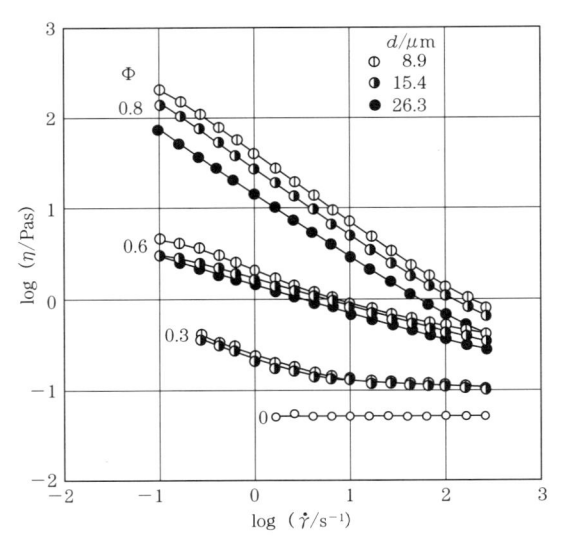

図 7.6　エマルションの定常流粘度。分散質：燐酸トリトリル (24%)-フタル酸ジオクチル (76%), 分散媒：ポリアクリル酸水溶液, $\eta_p/\eta_m=1.22$（大坪泰文, 日本レオロジー学会誌, **20**, 125 (1992) より引用）。

な特徴は同じである。

$\phi=0.8$ の場合には η がずり速度 $\dot{\gamma}$ とともに低下する擬塑性流動が見られる。粒子は球形ではなく，ぎっしり詰まっている。高い粘度は粒子を隔てる界面（界面活性剤を含む媒体）の張力から発生していて，液晶のドメイン構造による力と似ている（図 6.8 参照，110 頁）。粒子が小さいほど界面が多いとすると，小さい粒子系の粘度が高いことは理解できる。一方，定常流でも最初の粒子サイズの効果が残っているということは，粒子が密に詰まっているにかかわらず，合一・分裂の定常状態にはなっていないことを示している。

$\phi=0.6$ の場合および $\phi=0.3$ の低 $\dot{\gamma}(0.1\,\mathrm{s}^{-1})$ の場合の擬塑性は凝集体の構造変化によるが，DLVO 理論の力による凝集体の破壊とするよりは，媒体の役割が $\phi=0.8$ の場合のような界面力から連続体の粘性的抵抗に変化していく過程とするほうが納得しやすい。この傾向は ϕ の減少と $\dot{\gamma}$ の増加にしたがって強くなると思われる。

$\phi=0.3$ では粒子サイズの効果は小さく，凝集していない粒子の割合が多いことが分かる。低 $\dot{\gamma}$ で粘度は高いが，$10\,\mathrm{s}^{-1}$ 前後のずり速度で一定になる。一定値はよく分散した状態の粘度である。高 $\dot{\gamma}$ で粘度が少し低下するのは，粒子が変形する効果と思われる。

エマルションの粘度

式 (7.5) の η は定常流粘度で，固体分散系のアインシュタインの理論値（$L=5/2$）より低い。液滴内部の流れで抵抗が減少するためである。分散質の粘度の高い $K\to\infty$ の極限では，固体分散系の値に一致する。分散媒よりも分散粒子の粘度が低くても，分散系の粘度は分散媒の粘度より高い（$L>0$）。遅い流動では粒子は球形で，粒子の粘度が低くても媒体の流れは乱されるからである。

理論値は $\phi<0.1$ の範囲で観測値と一致する。界面活性剤が多いときは，観測値は理論値より大きくなる。粒子径に活性剤の層が加わること，界面張力が変化すること，界面の性質の変化で粒子内流動が抑えられることなどによると考えられている。

ϕ が増加すると液滴は詰まってくるので粘度が上昇する。凝集状態の粘度は

固体粒子のときと同様予測できないが，均一無秩序に分散した状態での粘度（たとえば図 7.7，$\phi=0.3$ の第 2 ニュートン粘度）は，次の式でおおよその値を見積もることができる。

$$\eta = \eta_m \exp\left(\frac{L\phi}{1-\phi}\right) \quad (\phi<0.3) \tag{7.10}$$

ただし，L としては式 (7.5) の値を用いる。界面活性剤で界面が極度に変化していなければ，よく成立することがわかっている。

この式で表される粘度は，変形しない球形粒子の無秩序分散系の高周波数粘度 η_∞ に相当する（第 6 章，式 (6.4) 参照）。実際 $L=5/2$ とすると式 (6.4) の η_∞ とよく一致する。エマルション粒子は相対的に大きいので，無秩序分散系として熱運動から発生する粘弾性力は小さく，観測にかからない。

クリーム状物質の分散媒の塑性

クリーム状物質はほとんどエマルションである。上述のように，エマルションは分散相が多量成分の場合には凝集性分散系に似た擬塑性流動を示す。分散相が変形しうるので，固体粒子より体積分率の高い分散系を作ることができる。

一方，実用されるエマルションでは分散相が少量でも擬塑性を示すことが多

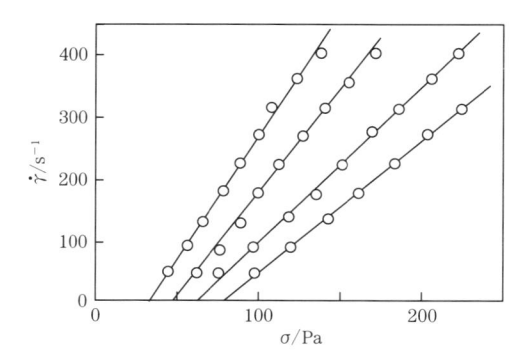

図 7.7　W/O クリームのずり応力-ずり速度関係。分散媒：固形パラフィン（30%）/流動パラフィン，分散相（水）wt%：**0, 10, 30, 50（左から）**（小松日出夫他，日本レオロジー学会誌，**5**, 101(1977) より引用）。

い。図7.7の例は化粧用クリームのモデルで、分散相は純水、分散媒は固形パラフィンを30%含む流動パラフィンである。分散相が増加するとビンガム降伏値、ビンガム塑性粘度ともに増加しており、エマルション化によって塑性が顕著になる。一方、分散媒自体もビンガム降伏値を持っており、このことから分散相の少ない試料でもビンガム流動形の擬塑性であることが理解できる。

パラフィン連続相の擬塑性は固形パラフィンの結晶によって生じたものである。バターも水粒子15%を含むW/O型であるが、主な特性は結晶性の脂肪を含む油相に由来する。これらの連続相の類似物には微結晶の分散した種々のワックス、ワセリン（結晶性分子を含むパラフィン混合物）などがある。液体と化学的に同系列の結晶性分子を溶解したもので、適当な温度では結晶が析出するが、多くの場合液体を含む結晶あるいは液晶として析出する。析出物はひも状、膜状、シートの重なったラメラなどで、広範囲に広がるのでそれ自体の塑性変形が重要な力学的因子である。

5 ミセル分散系のレオロジー

液体中で会合して分散粒子を作る物質のもう1つの型は界面活性剤が関与するものである。界面活性剤は粒子の分散や液体のエマルション化を助けるだけでなく、それ自体が集合体（ミセル）として液体中に分散する。古典的な潤滑グリースは鉱油に粘稠剤として脂肪酸石鹸を溶解したもので、石鹸はひも形ミセルの網目構造を作り、鉱油の流出を防いでいる。食用油の廃棄のための凝固剤も網目を作る界面活性剤である。界面活性剤ミセルの構造は比較的系統的に変化するので、液体中の分子集合体のモデルとして、レオロジー的性質を調べるのに好都合である。

ミセルの構造

界面活性剤は1分子中に親水性の部分と疎水性の部分を持っている。溶液濃度が一定値（臨界ミセル濃度）を超えると、親媒性（たとえば親水性）部分を

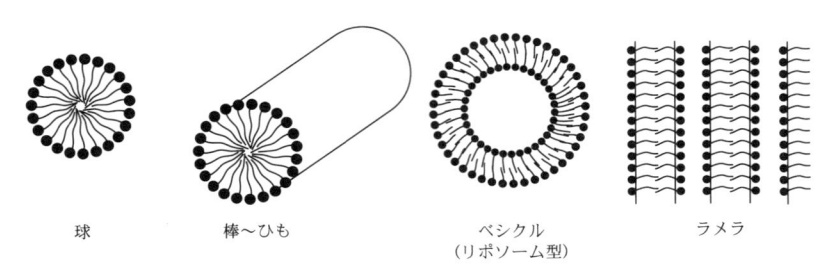

図 7.8　ミセルの形状

（球／棒〜ひも／ベシクル（リポソーム型）／ラメラ）

外側に，疎媒性（疎水性）部分を内側に向けた球状ミセルが形成される。少量の油があるときには油をとりこんで，油が水に溶解したように見える現象（可溶化）が生じ，さらに，油滴の分散も安定化させる。以下では液体は1種類とする。

　液体と界面活性剤の組み合わせ（第3物質を含む場合もある）と量にしたがって，ミセルの形状は球，長い回転楕円体（あるいは棒），ひも，平面と多様である（**図7.8**）。棒が長くなってたわみ，屈曲性が顕著になるとひもになる。いずれも親媒性の部分を外側にした構造で，平面の場合は親媒性部分を外側にした2重層である。

　リポソームはリン脂質の水分散系でできる2重層膜のシャボン玉状粒子（ベシクル）である。この膜は蛋白質分子をとりこむ性質があり，細胞膜の模型とされる。撹拌・超音波処理などでは2重層のミセルはベシクルとして生成することが多く，熟成によって平たい膜に変化する。2重層膜はさらに重なって，層間に液体も含む液晶構造を作ることが多い。ベシクルではタマネギ状，平面ではラメラと呼ばれる構造である。

　レオロジーの観点では，孤立分散した小さいミセル（球，ベシクル，棒）は固体粒子と見てよい。

ひも状ミセルのレオロジー

　水性のひも状ミセルはカチオン界面活性剤でよく見られ，CTA（cetyl trimethyl ammonium）塩は特によく研究されている。サリチル酸ナトリウム

水溶液中で臭化 CTA はひも状になり，網目構造が電子顕微鏡で観察される。アルキルジメチルアミンオキシド（RDAO；$R(CH_3)_2NO$）は酸の添加によってカチオン化される。

$$R(CH_3)_2NO + H^+ \longrightarrow R(CH_3)_2N^+OH$$

R の種類，塩濃度，カチオン化度などによって，球状やひも状になる。

ひも状ミセルの希薄分散系では，交叉したひもは融合して一定時間後に互いに通りぬける。網目結合点は一定寿命を持ち，単一緩和形の粘弾性挙動を示す（第 8 章の「有限寿命の網目」(147 頁) 参照）。高周波数における剛性率は濃度の 2 乗に比例し，からみ合い網目同様ひもの偶然の遭遇によって網目ができることを示している。図 7.9 は R がオレイル基の ODAO 水溶液の動的粘弾性である。緩和時間はカチオン化度の増加にしたがって著しく長くなる。臭化 CTA の場合には，ミセルにとりこまれていない遊離サリチル酸が結合点の融合・透過の触媒となり，緩和時間を短くする。

ひも状ミセル溶液の非線形粘弾性，定常流粘度などの研究はほとんど皆無である。これらの研究によって，ひもの力の性質，強度などの知見が得られると

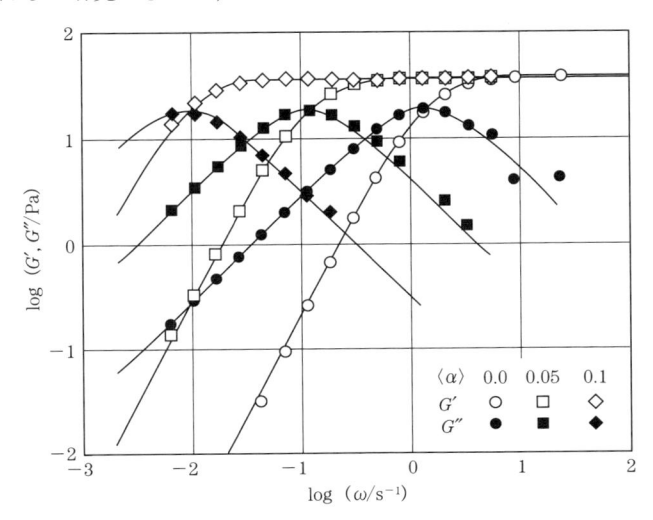

図 7.9 **ODAO-水系の動的粘弾性。**⟨α⟩**はカチオン化度，曲線は単一緩和による計算値**（四方俊幸，日本レオロジー学会誌，**31**, 23 (2003) より引用）。

期待される。

ラメラ状ミセルのレオロジー

ベシクルやラメラ構造の分散系としてはセチルアルコール（CA），ステアリルアルコール（SA）などの高級アルコールと界面活性剤を含む水系が有名である。高級アルコールは油性で親水基を持つが，界面活性作用は弱く，水に対する溶解性はよくない。他の界面活性剤の助けで，水中で自己組織化して分子集合体を作る。

非イオン活性剤（ポリエチレングリコールのアルキルエーテルや脂肪酸エステルなど），アニオン活性剤（脂肪酸石鹸，アルキルスルフォン酸塩など），カチオン活性剤（CTA 塩など）のいずれとでも，水を含む液晶状のラメラ構造を作る。調製時の撹拌で生じるタマネギ状ベシクル（**図 7.10**）が，熟成によってラメラに移行する。

ここで挙げる例は塩化 CTA と CA（モル比 1 : 2）の 2% 水溶液で，乳液状リンスのモデルである。75℃で混合して激しく撹拌しながら 25℃まで冷却したものでは，多数のタマネギ状ベシクルが分散している。熟成時間とともにベシ

図 7.10　塩化 CTA-CA 水系のタマネギ状ベシクルの一部
（ライオン（株）山縣義文氏提供）

クルが融合してラメラ状組織が間隙をつなぐようになり，長時間後には少数のベシクルが浮かんだラメラのスポンジ状の構造になる。

30日間熟成したものは，2秒ごとに応力を増してひずみを観測する場合には$\sigma_Y=30$ Pa, $G=600$ Pa 程度の非流動領域のあるビンガム塑性体であるが，低応力の長時間クリープでは流動が観測される。したがって，流動特性から見ると図6.13のような粘弾性液体で，σ_Y以上の応力では回復性ひずみ構造が破壊され，回復性の少ない流動体に変化するものと考えられる。線形粘弾性領域と確認されたひずみ1%での動的粘弾性を図7.11に示す。

損失剛性率に2つの極大があり，2種の緩和時間群（すなわち緩和機構；式(4.13)参照）があることが分かる。長時間（低周波数）の緩和はベシクルあるいはラメラの関与する大局的なひずみの緩和，短時間緩和は層内部の局所的緩和とされている。大局的緩和は構造の成長とともに遅くなり，局所的緩和は稠密な層構造の完成（弾性率の増加など）とともに速くなると考えられ，図7.11に見られる熟成による緩和時間の変化とうまく対応している。

他のミセル系や結晶性成分が析出する系でも，定常流，クリープ，および動的粘弾性を活用して構造との対比を考えれば，レオロジー特性の発現機構はか

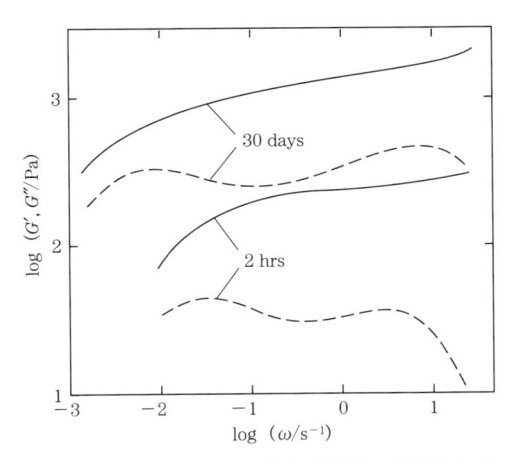

図 7.11　塩化 CTA-CA 分散系（調整後2時間および30日）の動的粘弾性。実線：G', 破線：G''（ライオン(株)山縣義文氏提供）

6 ブロック共重合体のレオロジー

高分子混合物

　限られた種類の物質から多様な特性を創出するために，異種の高分子の混合は重要な操作である。高分子物質は低分子量物質に比べて混合のエントロピーが小さいので，均一に混合・溶解する例は少なく，不均一物質の混合に関してレオロジー的問題が多い。ここでは，ブロック共重合体の関与する問題についてだけ述べる。

　なお，高分子の分散に関連する科学と技術については，橋本相分離構造プロジェクト（科学技術振興財団，1993-1998）で詳しく研究された。http://www.jst.go.jp/erato/project/hask_P/hask_P-j.html で研究成果を見ることができる。

ブロック共重合体と界面活性

　共重合体は1分子中に2種類以上の構成単位を含む高分子である。成分X, Yを無秩序な順序につないだランダム共重合体，交互につないだ交互共重合体，それぞれの重合体 polyX（PX）と polyY（PY）のブロックをつないだブロック

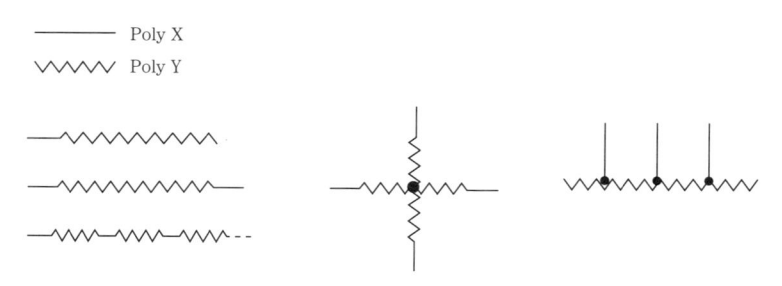

図 7.12　いろいろなブロック共重合体

共重合体などがある(図7.12)。ブロック共重合体はジブロック PX-PY，トリブロック PX-PY-PX，マルチブロック PX-PY-PX-PY-…の直鎖形や分岐した共重合体，PX に PY が枝として結合したグラフト共重合体などである。

ブロック共重合体は界面活性剤と同様な性質を示し，液体や高分子（マトリクスと呼ぶ）の中で高分子ミセルを形成する。X 親和性のマトリクス（たとえば PX）中では共重合体の PY が凝集した核になり，PX を外側にしたミセルになる。Y 親和性の高分子（たとえば PY）の PX 中への可溶化や分散安定化作用も，低分子量界面活性剤と同じである。すなわち，高分子の混合はブロック共重合体で安定化される。

高分子アロイの先駆けである耐衝撃性ポリスチレン（HIPS）はポリブタジエン（PB）粒子の分散したポリスチレン（PS）である。ガラス状 PS に生じた亀裂が PB ゴム粒子にぶつかって途切れるので，耐衝撃性が向上する。PB 粒子の表面は PS 鎖が結合したグラフト共重合体で，マトリクスの PS と親和性を持っている。同様に ABS 樹脂のマトリクスはアクリロニトリル-スチレン共重合体（PAS）で，分散 PB 粒子には PAS がグラフト結合している。

HIPS や ABS 樹脂は粒子分散系で，動的粘弾性の第 2 平坦領域（第 6 章，116 頁）が観測される。ガラス成分の PS や PAS が流動し始める高温・長時間でも容易に流動せず，軟らかい弾性体の性質を示す。

PS と PB の共重合体 SB,SBS などは早期に開発されて，広く用いられている。PS や PB の中でミセルとして分散し，ガラス状からゴム状に至る広範囲な物性が実現される。PB ブロックの 2 重結合に水素添加して得られるポリエチレンブロックを含む共重合体 SEBS は，PS とポリオレフィンの混合物の界面活性剤として重要な物質である。

ブロック共重合体のミクロ相分離

ブロック共重合体の 2 成分は元来相分離する傾向があるが，鎖として結合しているので巨視的な相分離には至らず，微小領域に相分離した分散系になるので，ミクロ相分離と呼ぶ。

トリブロック共重合体 SBS はゴム状の PB 鎖の両端を固い PS 粒で橋架け

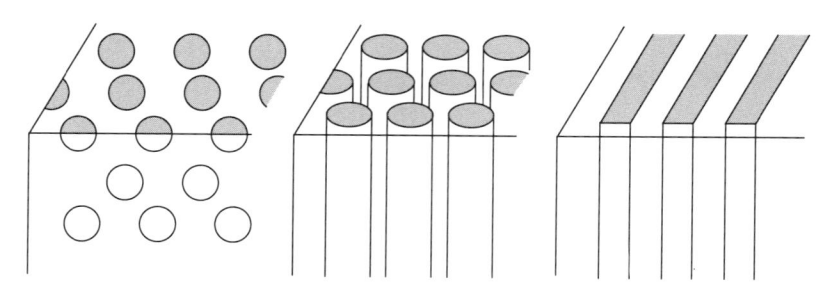

図 7.13　ブロック共重合体の規則的構造

した形であり，加硫ゴムなどと同じ高弾性体になる。結晶性ブロック（ハードセグメント）とゴム状ブロック（ソフトセグメント）のマルチブロック共重合体であるポリウレタンも同様である。これらの橋架け点は高温では溶融するので，物質は射出成形などで成形可能な熱可塑性エラストマーである。橋架けのために化学反応を要する通常のエラストマーと対照的である。

　ブロック鎖の長さが均一な共重合体では，2成分 X, Y の比率（体積分率 ϕ_X）に従って次のような規則的構造ができる。ϕ_X が低い場合には，Y が連続相で X は球として規則的に配列する。ϕ_X が増加すると X は円柱になり，規則的に配列する。ϕ_X が 0.5 に近い場合には，X, Y の層が交互に並んだラメラ構造になる。ϕ_X がさらに増加すると X が連続相となり，Y が円柱ないし球となって規則的に分散する（図 7.13）。

　ジブロック共重合体 SB で PS が少量成分であるときは，PS 粒子間は連結されていない。からみ合った PB 鎖だけの力とすればからみ合い高分子のような応力緩和が生じるはずであるが，実際には弾性的である。表面に PB 層を持った PS 粒子の配列が変形によってずれると，周囲の粒子の PB 層との間の立体障害のために復元力が生じ，弾性力の起源になると考えられる。反発する粒子の規則的配列に伴う弾性（第 6 章，106 頁）類似の現象ということができる。

ミクロ相分離系の塑性流動

　熱可塑性エラストマーの橋架け点は高温で軟化して塑性が生じる。例に挙げるのは PS とポリイソプレン（PI）のトリブロック共重合体 SIS のテトラデカ

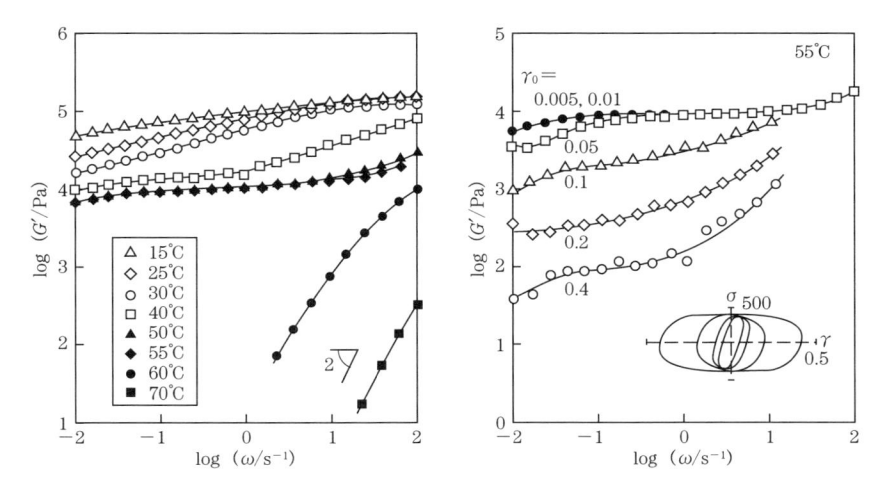

図 7.14 SIS-C 14 系の貯蔵剛性率。左は微小ひずみによる線形粘弾性，右は 55°C におけるひずみ振幅依存性。

ン（C 14）溶液である。C 14 は PI に選択的に吸収されていて，PS の固い橋架け点の性質にはあまり影響しない。マトリクスに相当する PI 相の流動性がよくなっているので，レオメーターの測定周波数域で粘弾性が観測できる（H. Watanabe et al., *Macromolecules*, **30**, 5877 （1997）参照）。

図 7.14 左に線形領域のひずみ振幅 γ_0 で測定した動的剛性率 $G'(\omega)$ を示す。15°C では PS 領域は固体で系は弾性的で，剛性率は 10^5 Pa 程度である。60°C 以上では PS 領域は軟化して系は流動性である。これらの中間の温度では 15°C の弾性挙動より応力が緩和するように見えるが，55°C での曲線から分かるように低周波数側に平坦部（約 10^4 Pa）があり，分散系の第 2 平坦領域（116 頁）に相当する挙動が見られる。

詳しい研究では，10^5 Pa から 10^4 Pa への緩和は両端を 2 つの PS 粒子によって固定された橋架け PI の緩和に対応する。第 2 の平坦領域では PS 領域はすでに十分軟らかくて，橋架け点の役割を果たさなくなっている。この領域での剛性率は PI 鎖をまとった PS 粒子の立体障害力によるものであり，粒子分散系の長時間緩和は凝集構造だけによるものではないことが分かる。

図 7.14 右には 55°C において γ_0 を変化させたときの $G'(\omega)$ を示す。黒丸は

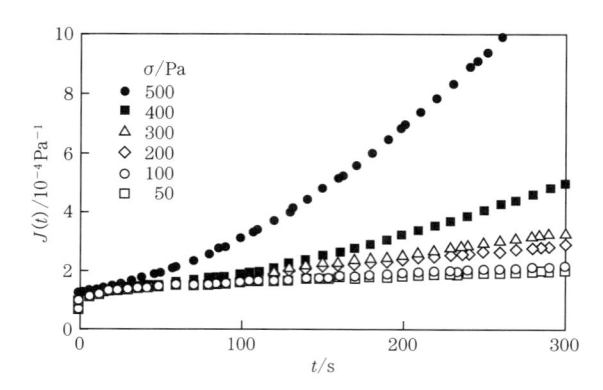

図 7.15 SIS-C 14 系の 55℃ におけるクリープコンプライアンス

線形領域 $\gamma_0 < 0.01$ における $G'(\omega)$ である。γ_0 が大きいときの $G'(\omega)$ は，応力のひずみと同じ振動数成分から計算した値である。$G'(\omega)$ はひずみとともに低下し，きわめて非線形的である。55℃ においては系は塑性的ということができる。

右図の中に $\omega = 0.025\,\mathrm{s}^{-1}$ における振動ひずみ $\gamma(t)$ と応力 $\sigma(t)$ の関係図 (リサージュ図) を示す。閉じた曲線の右端がひずみ振幅 γ_0 を表す。図では見えないが，低ひずみ ($\gamma_0 < 0.01$) では振動ひずみ中を通じて $\sigma(t)$ と $\gamma(t)$ は比例関係に近く，比較的弾性的な挙動である。γ_0 が増加すると比例的でなくなり，大きなひずみでは $\sigma(t)$ がほぼ一定値 400 Pa になるような横長の平行四辺形に近い形になる。一定値はほぼ降伏値と考えることができる。

55℃ (塑性領域) におけるクリープ測定の結果を図 7.15 に示す。低い応力においては極めてゆっくりした流動が観測されるが，400 Pa 程度で急に流動性が顕著になり，高い応力では流動ひずみが大きい。このクリープ挙動は分散系で見られた挙動 (図 6.13, 図 7.10 の系)，すなわち粘弾性液体の回復性ひずみ構造の破壊による擬塑性流動に相当する。流動性が顕著になる応力は，振動ひずみで概算された降伏応力によく対応する。

第8章
ゲルのレオロジー

　ゲルは生物体の組織や食品などを構成するものとして重要である。また，保水性その他の種々の機能の点から，新しい役割が見出されている。ゲルの微視的構造と特性は多様であるが，本書ではゲルに共通なレオロジー特性を考察する。また，液体がゲル化して流動性を失う際のゲル化臨界点にも触れる。

1　ゲルの構造

　ゲルの1つの定義は「コロイド液体（ゾル）が流動性を失った状態」である

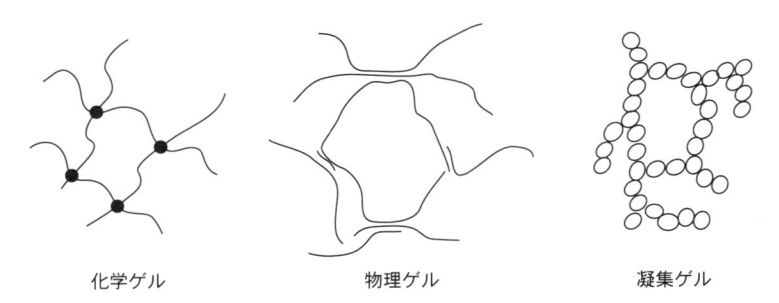

　　　化学ゲル　　　　　　物理ゲル　　　　　　凝集ゲル

　図 8.1　橋架け点の種類によって，ゲルを化学ゲル（左），物理ゲル（中），凝集ゲル（右）に分類する。

が，別の定義では「3次元網目構造を持つ物質で，多量の液体を含むことが多い」であり，かなりあいまいである．厳密なことはゲルの専門書に譲って，本書では大体上記の両方の物質のレオロジーを調べる．

図8.1にゲルの分類を示す．典型的な3次元網目構造物質は，高分子鎖間が共有結合によって橋架けされた化学ゲルである．高分子の重合の際に，重合によって直鎖状に並ぶ2官能性モノマーに分岐点になる多官能性モノマーを混じたり，高分子に既に含まれる反応基を通じて分子間に橋架け（ゴムの加硫など）したりして作られる．両端に反応性のある短い高分子（液状ゴム）を多官能性の結合剤と反応させると，網目鎖の長さが均一なゲルができる．

共有結合より弱い水素結合，非水結合，静電的結合，配位結合などによっても網目構造物質（物理ゲル）ができる．これらの結合は有限の寿命を持ち，生成消滅を繰り返すが，結合の密集した領域は寿命の長い結合点となり，安定な網目構造ができる．さらに，コロイド粒子が凝集することによって網目構造ができる（凝集ゲル）．凝集ゲルのレオロジーについては第6章で述べた．

物理ゲルの橋架け点（図8.2）

物理ゲルには蛋白質や多糖類などの天然高分子のゲルが多い．溶液中の高分子は屈曲した無秩序な形であり，水素結合などの弱い結合の集まりで比較的強い結合点ができる．コラーゲン（動物組織の蛋白質）は3本鎖のヘリックス構造を取るが，その変性物のゼラチンはヘリックス領域が橋架け点になる．アガ

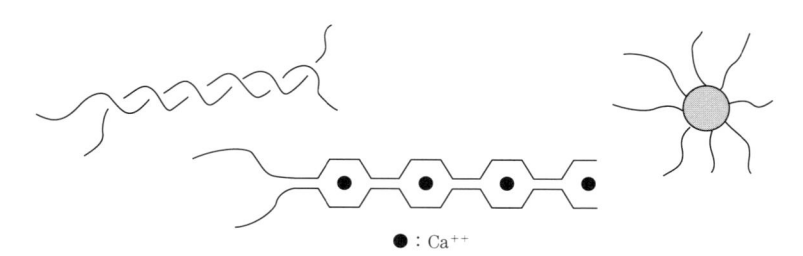

● : Ca^{++}

図 8.2 物理ゲルの橋架け点は弱い結合が集まった点である．水素結合やイオン間結合によるコラーゲンやジェランのヘリックス構造（左），2本の鎖が Ca^{++} を抱え込んだアルギン酸の egg box 結合（中），ブロック共重合体のミクロ相分離構造（右）などがその例である．

ロース（寒天の主成分）やジェラン（微生物が作る多糖）の結合点は2本鎖のヘリックス構造，あるいはその集合体である。海藻由来のアルギン酸は電解質多糖で，Ca^{++}イオンによってゲル化する。イオンを抱え込んだegg box結合で2本の鎖が結合する。

水素結合でゲル化する合成高分子の例はポリビニルアルコールである。水素結合の多い無定形領域は壊れやすい弱い結合点であるが，結晶は強い結合点になると考えられる。一般的に，高分子の結晶領域は橋架け点の作用をする。さらにブロック共重合体のミクロ相分離領域（第7章参照）も橋架け点になる。熱可塑性エラストマーのSBSやポリウレタンの橋架け点は，それぞれガラス状のポリスチレン，結晶化したハードセグメントであり，アイオノマーでは電離基を含むブロックと金属イオンの集まりである。これらの高分子では，橋架け点にならないブロックは，比較的軟らかいゴム状の高分子である。

これらの結合の構造は材料特性との関連で重要であるが，詳細については専門書に譲る。

2 網目構造物質の線形粘弾性

化学架橋高分子や強い結晶粒が網目点になった高分子は，弾性率が低くて大きな弾性変形が可能な高弾性物質である。一方，結合点が短い寿命を持つ場合には，系全体に広がる網目構造があっても，物質は単純な粘弾性液体である。

膨潤と弾性率

ゴムの剛性率は$G=\nu k_B T$で表される（付録A3）。ただし，νは単位体積あたりの網目鎖数，k_Bはボルツマン定数，Tは絶対温度である。これは変形前の鎖が平衡より伸びていない場合の式で，膨潤によってξ倍に伸びている場合には，変形以前にもすでに鎖に張力が生じているので，$G=\nu k_B T \xi^2$となる。

乾燥試料が膨潤して体積がξ^3倍になると，網目成分（高分子）の体積分率は$\phi=\xi^{-3}$で，νは減少してϕ倍になる。鎖は平均ξ倍に伸長する。したがって剛

性率は膨潤前の値 G_0 の $\xi^{-3}\xi^2=\phi^{1/3}$ 倍になる。

$$G=G_0\phi^{1/3} \tag{8.1}$$

この関係はよく成立するとされている。一方，強い橋架け点（結晶）と弱い端架け点（水素結合の多い不規則領域）を含むポリビニルアルコールゲルなどでは，膨潤による弱い結合点の減少分だけ剛性率は余分に減少し，$\phi^{1/3}$ より急激に変化する。

溶液架橋ゲルおよび物理ゲルの弾性率

上の理論は乾燥状態で橋架けした後の膨潤である。同じ濃度のゲルは溶液中の高分子に橋架けして作ることもできる。鎖は膨潤によって伸長しないので，剛性率は $G=\nu_s k_B T$ で与えられる。ただし ν_s は橋架けした濃度での網目鎖の数である。無溶媒で架橋した後で膨潤させたゲルでは $\nu_s=\nu\phi$ だから，式 (8.1) より $G=\nu_s k_B T\phi^{-2/3}$ で，網目鎖数が同じなら溶液架橋ゲルより大きい（図 8.3）。

物理ゲルの物性はゲル化温度や手順によって変化する。低温で急速に形成されたゲルより，ゲル化する限界（ゲル化温度）に近い高温でゆっくり作られたゲルの方が強く，また高温まで融解しない。そのようにして作った典型的な物理ゲルでは，多くの場合

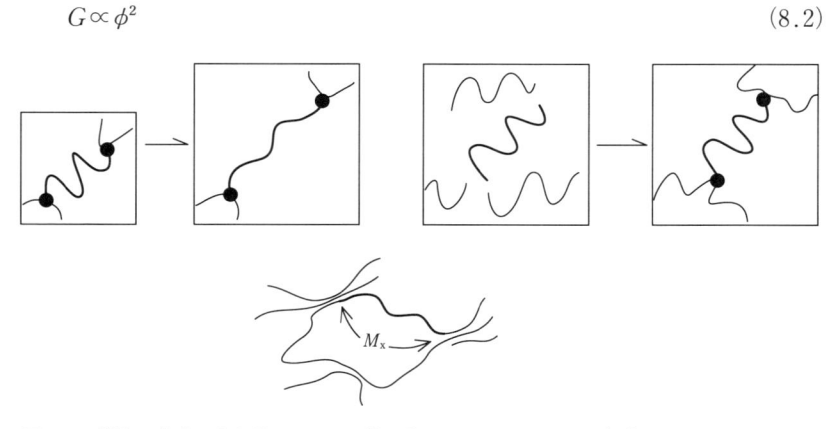

$$G\propto\phi^2 \tag{8.2}$$

図 8.3　橋架け高分子を膨潤させると，鎖が伸びて張力が発生する（左）が，溶液中で高分子に橋架けすると張力が発生しない（右）。高分子溶液からゲル化した物理ゲルの橋架け鎖は，からみ合い高分子のからみ合い鎖に似ている（下）。

で，濃度依存性の点ではからみ合い剛性率 G_N に似ている（式 5.5）。溶液架橋だから鎖に余分な張力はないと考えられる。橋架け鎖の分子量を M_x とすると，$\nu = N_A \rho \phi / M_x$（ただし N_A はアボガドロ数，ρ は密度）だから，上の結果は $M_x \propto \phi^{-1}$ であり M_x はからみ合い分子量 M_e と同様な濃度変化をすることを示している。

化学ゲルの長時間緩和

橋架け点の密度があまり高くなければ，橋架け点の間の小規模の速い分子運動はゲル化によって変化しない。ガラス-ゴム転移領域より短時間（高周波数）の粘弾性挙動は，橋架けしない高分子あるいは溶液の挙動とほぼ同じである。

長時間（低周波数）領域の挙動は弾性体の特徴を持つ。限られた周波数範囲では貯蔵剛性率 G' は周波数によって変化せず，損失剛性率 G'' より一桁程度大きい。一方，応力緩和による広い時間範囲の測定では，平衡状態に至る領域で遅い緩和がみられる。

膨潤してない永久網目物質の 1 軸伸長応力緩和は，

$$f(t, \lambda) = m(\lambda) \left[1 + \left(\frac{t_m}{t} \right)^m \right] \tag{8.3}$$

で表される。$m(\lambda)$ はひずみ量の効果を表す因子で，たとえばムーニー・リブリン式で表すことができ，大変形の弾性論（付録，179 頁）のひずみエネルギー関数から導かれる性質のものである。m, t_m は実験的に求められるパラメーターである。この遅い緩和は橋架け網目にぶら下がって片端が自由な鎖や，鎖間の

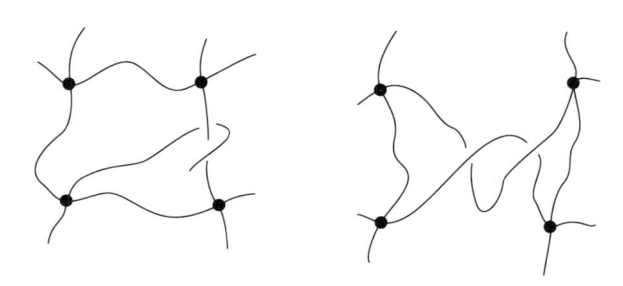

図 8.4　片方だけが網目構造に結合したぶら下がり鎖（左）と網目構造中のからみ合い（右）。

からみ合い鎖の滑りによる緩和と考えられる（**図 8.4**）。これについては Ferry に詳しい。

膨潤したゲルでも同様な緩和が考えられるが，伸長や圧縮による応力緩和実験では，膨潤度の変化によって応力は 25% 程度減少する（148 頁参照）。この過程は試料のサイズによって変化し，上記のからみ合いの緩和などとは性格の違う現象である。両者を分離するには，ずり変形による応力緩和を併用する外なさそうである。

また，温度によって膨潤度の変化するゲルの粘弾性では，温度-時間（周波数）換算則（第 5 章）の適用には慎重でなければならない。式 (8.1) を用いて換算剛性率を $(\phi_r^{1/3} T_r / \phi^{1/3} T) G(t)$ とすれば長時間端のマスターカーブが作れるが，ぶら下がり鎖の緩和速度を論じるには $G(t) - G_e$ に対して，適切な換算量を考える方がよいかもしれない。一方，温度によって膨潤度が変化する場合は溶媒と高分子の親和性が比較的低く，橋架け点の数が温度によって変化している可能性があるので，式 (8.1) の適用についても観測値を注意深く検討しなければならない。

物理ゲルの長時間緩和

物理ゲルでは長時間にわたって遅い緩和が続く例がある。

$$f(t, \lambda) = m(\lambda) \left(\frac{t_m}{t} \right)^m \tag{8.4}$$

応力緩和では長時間での応力変化が小さくなるので，この緩和が一定の時間で終わる（式 (8.3) のようになる）のか否かを確認することは難しい。緩和がいつまでも続くならば，クリープコンプライアンス $J(t)$ は次のように変化すると考えられる。

$$J(t) \propto t^{-m} \tag{8.5}$$

緩和時間が有限であれば，長時間では粘性流動項 t/η が $J(t)$ の主要部になり，両者の区別は比較的やさしい。粒子分散系ゲルや高分子の物理ゲルの流動性に関する断片的報告がある。橋架け点の寿命は長くても有限とすると，橋架け点は生成消滅を繰り返しており，応力の高い状態で消滅して応力のかからな

い状態で再生する可能性は否定できない。また，流動の有無は物質ごとに変化する挙動かも知れない。軟らかい物理ゲルに関する応力制御形のレオメーターによる低応力クリープ測定から新しい成果が期待される。

有限寿命の網目

短い寿命の橋架け点を少数（たとえば分子あたり2個）持つ短い高分子で構成される網目は全く異なる挙動を示す。橋架け鎖は網目から外れると直ちに応力を失うから，結合の寿命を緩和時間とする単一緩和時間の応力緩和が期待される。

両端にイオンを持つテレケリック・アイオノマーの疎水性媒体中の溶液，ポリビニルアルコール（PVA）-硼酸系（スライム；第9章，167頁参照）などで単一緩和挙動が観測されている。もう1つの型のひも状ミセル分散系（第7章）については，凝集性ゲルと分類されようが，線形粘弾性挙動は大体同じである。いずれも結合は単純で，寿命がはっきりしている。また，高周波数の剛性率 G_0 は濃度の2乗に比例し，網目数が鎖の衝突の確率で定まることを示している。

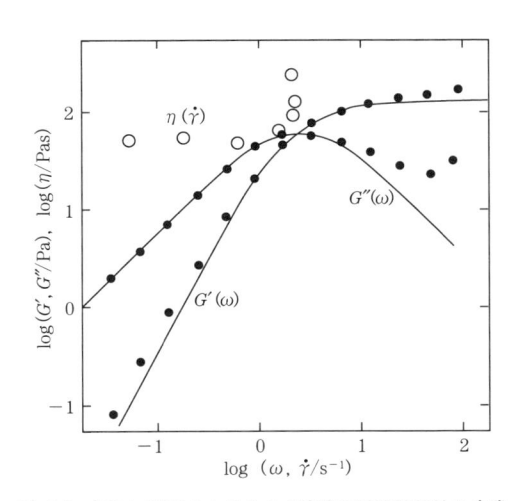

図 8.5 **PVA-硼酸ナトリウム水溶液の動的粘弾性と定常流粘度。** 曲線は単一緩和による計算値（T. Inoue et al., *Rheol. Acta*, **32**, 550（1993）参照）。

テレケリック・アイオノマー，PVA-硼酸系では定常流粘度がずり速度とともに増加し，また，さらに速い流動ではずり応力が限りなく増加する流動硬化が生じる。**図 8.5** から分かるように，損失剛性率が極大になる角周波数（＝1/τ）以上の速度で定常流粘度が増加する。緩和時間 τ は橋架け点の寿命と考えられるから，結合の解離より速い変形では，強い結合のゲルを変形させるのと似た状況で，鎖が際限なく伸びると思われる。同様な流動硬化は高分子で架橋凝集した粒子分散系でも観測例がある（第 6 章「高分子による分散性制御」(117 頁) 参照）。

3 膨潤度の変化とレオロジー

溶液中の溶媒の化学ポテンシャルは純粋な溶媒より低いので，溶液と純溶媒を溶媒分子だけが透過する半透膜で隔てると，溶媒が溶液の方へ移動する。溶液に適当な圧力をかけると移動が止まって平衡状態になる。この圧力は浸透圧である（**図 8.6**）。

ゲルは溶質と溶媒を含む"溶液"で，網目構造は溶媒が透過する半透膜でもある。溶媒が網目へ入ってゲルは膨潤し，溶媒が希釈されるとともに，鎖の張力で圧力が増加することにより平衡状態になる。ゲルでは溶質（網目構造）だけに応力をかけたり，溶媒だけを無理に通過させることができるので，応力や流動と膨潤が交叉した現象が生じる。ここでは，瀧川らによる研究を紹介する。

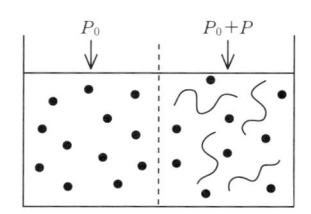

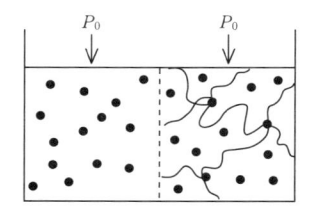

図 8.6 半透膜で隔てられた溶媒と高分子溶液（左）および溶媒と接したゲル（右）。ゲル内部の溶媒には網目からの圧力 P が加わって，圧力 P_0+P が作用する。

応力による膨潤と膨潤による応力緩和

水中で平衡になった PVA ゲル（図 8.7 a）を伸長する。ポアソン比は 0.5 に近いので，試料の幅は減少する（b）。応力は徐々に減少し，試料の幅は増加し（c），いずれも一定値に近づく。最終段階（d）で荷重を除くと，試料は中間的な長さまで急速に縮んで横幅が増加し，変形前の形から比例（アフィン）的に変形した形になる(e)。長時間放置すると変形前の形に戻る(f)。流動パラフィン（P）に浸して同じ実験をすると，(b) の段階で止まり応力は緩和しない。

伸長により網目が内部の水に及ぼす圧力が減少して，水がゲル中へ入る。膨潤すると試料全体が大きくなる。最初の伸長比は L_b/L_a であるが，最終的な膨潤試料で計算すると伸長比は L_b/L_e で，ひずみが減少している。ひずみの減少分だけ応力が減少する。からみ合い高分子のように，鎖の運動による伸長や配向の変化によって生じる応力緩和ではなく，ひずみの基準となる試料サイズの変化によるものである。

理論によれば，体積ひずみの元になる張力成分（$-p=(f_1+f_2+f_3)/3$；38 頁参照）に比例して膨潤し，体積弾性率 $=7G/6$ に相当する体積変化が生じる。ただし，G は最初の膨潤試料の剛性率である（膨潤度の変化は小さいので，応力

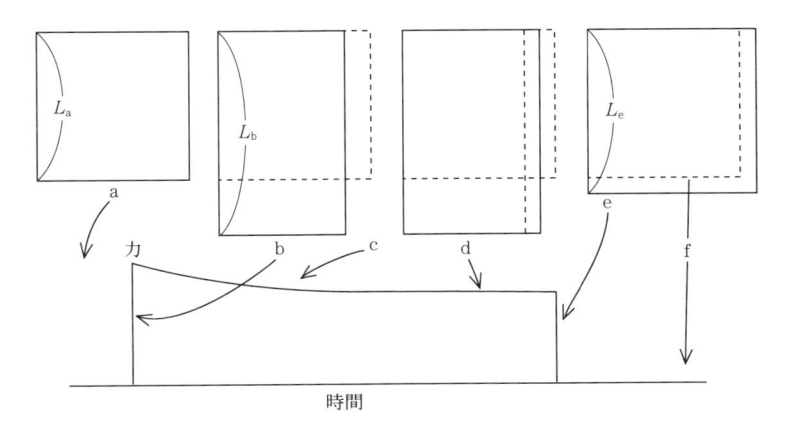

図 8.7　ゲルの膨潤と応力緩和　(K. Takigawa et al., *Polymer J.*, **9**, 929 (1993) 参照)。

緩和後も G は同じである）．1軸伸長の場合には，ポアソン比 μ が 1/2 から 1/6 に変化し，ヤング率 $E=2G(1+\mu)$ は $3G$ から $7G/3$ まで低下するように見える．1軸圧縮すると体積は減少し，やはり応力緩和が生じる．

この過程による応力緩和速度は膨潤速度であり，膨潤を進行させる力（水に網目が及ぼす圧力，したがって G とひずみ），網目鎖の移動速度を決める摩擦係数 ζ，および試料の大きさ L で決まる．緩和時間の理論値は $\zeta L^2/G$ に比例し，物質種だけでなく試料の大きさで変化する．値は観測結果に近い．

ずり変形では正味の圧力・張力がないので，体積は変化せず応力緩和も生じない．ゴム弾性理論の予測では大変形ずりでも膨潤度は変化しない．ずり変形での応力緩和は膨潤度の変化なしで分子運動を反映することになり，ゲルのレオロジーと分子運動の研究上重要な実験ということになろう．

媒体の流動による膨潤

PVA ゲルで作った円管の一端を閉じて，水中で他端から水を圧入する（**図 8.8** の W/W）．水は円管を通過して流れ，円管の径は大きくなるが，壁はあまり薄くならず，ゲルの体積が増加する．流れを止めると元の形に戻る．

圧力，流量，ゲルの体積の時間変化は，網目間の水の圧力勾配で網目鎖が伸びるとして理解される．網目の間の流路に沿って圧損（圧力勾配）が生じると，流路の壁（網目）が引き伸ばされる．端を切った細長いゴム風船でも少し膨らむのと同じ原理で，網目を流れる水の摩擦係数および圧力勾配による鎖の伸長（あるいは鎖の弾性率）を用いて，流体力学で計算することができる．

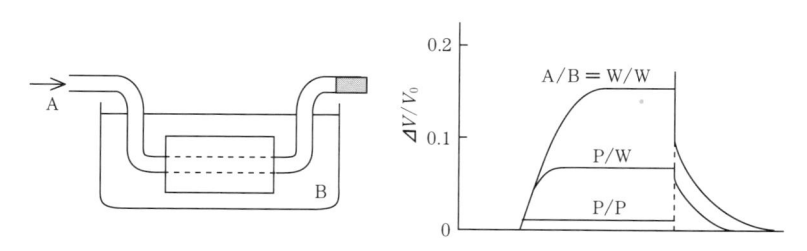

図 8.8　**PVA ゲルの管に内圧をかけたときの体積変化．液体 B に浸して A を圧入する．W は水，P は流動パラフィン；P は PVA ゲルに浸透しない**（K. Takigawa et al., *Biorheology*, **36**, 401 (1999) 参照）．

膨潤を起こさないパラフィンを圧入した場合にも（図8.8のP/W）体積が増加する。圧力によって管の外側が伸長されて，前述の張力-膨潤関係で膨潤度が増加するためである。P/P（パラフィン中でパラフィンを圧入）の場合には瞬時に体積が増し，圧力を除くと瞬時に元に戻る。これは弾性体の変形による体積変化（ポアソン比が1/2よりわずかに低いため）によるもので，膨潤は関係ない。

膨張-収縮転移と応力

　溶媒の塩濃度，pH，温度などによって凝集度が変化する高分子のゲルでは，条件の変化にしたがって大きな体積変化が生じる。ポリ（N-イソプロピルアクリルアミド）（PNIPA）やポリ（ビニルメチルエーテル）（PVME）の水溶液は，高温で2相に分離する。これらの高分子のゲルは低温では膨潤し，高温では収縮する。ゆっくりした温度変化の際の体積変化は可逆的である。

　ゲルに張力を作用させると，前述の張力-膨潤関係で予測されるように体積が増加する。張力をかけた状態で温度を変えると，収縮の転移温度が高くなる。ゲルの相転移と応力の関係は，高分子溶液の流動相分離同様，理論的に興味ある問題である（たとえば，T. Takigawa et al., *J. Chem. Phys.*, **113**, 7640 (2000) 参照）。

4　物理ゲルの大変形レオロジー

　物理ゲルの微小変形におけるレオロジーは，長時間の緩和を別とすれば化学ゲルとほとんど違わない。物理ゲルが難しいといわれるのは，個々の分子構造やゲルの生成条件による特性の多様性であろうが，これについては立ち入らない。レオロジー的観点からは，大変形時のもろさ，粘っこさなどであると思われる。大変形の2つの研究例を見てみよう。なお，食品関連ゲルの最近の研究については，西成勝好，日本レオロジー学会誌，**31**, 41 (2003) にまとめられている。

澱粉ゲルの大変形応力緩和

ゼラチンや寒天などの典型的な物理ゲルは，少なくともひずみ数10%は変形することができて，剛性率はあまり変化しない。通常固体と比べれば相当な大変形で，これらのゲルは高弾性体である。壊れやすさは橋架けの種類によって幅広く変化する。

澱粉は α-D-グルコースを単位とする多糖類で，主な分子はアミロース（A）とアミロペクチン（AP）である。A は比較的低分子量の直鎖状高分子で結晶化しやすく，水中ではヘリックス構造を取り，数個の分子が集まった状態で分散している。AP は高分子量で複雑に分岐しており，結晶化速度が低い。穀類や芋の澱粉は AP と A（20〜30%）の混合物で，もち米澱粉はすべて AP である。

濃度 10% の澱粉ゲルの緩和剛性率を**図 8.9** に示す。AP ゲルでは大変形でも滑りや破壊が生じない。剛性率に対するひずみの効果は短時間領域では小さく，長時間で顕著になり，$\gamma=5$ で約 1 桁低下する。低下量は高分子のダンピング関

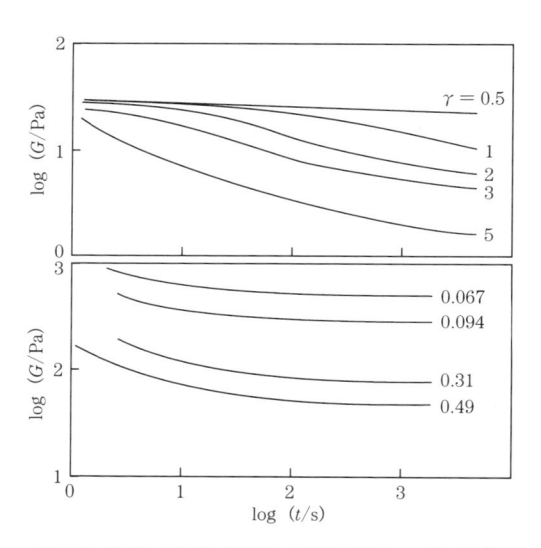

図 8.9 澱粉-水溶液（10%）の緩和剛性率。AP（上），25% A-75% AP（下）（甘利武司他，日本レオロジー学会誌, **6**, 28（1978）より引用）。

数(第5章,94頁)に近い。これらはからみ合い高分子系の粘弾性の特徴であり,レオロジーの観点ではAPゲルは高分子量の多分岐高分子の溶液と考えられる。

AP-Aゲルの特徴は,高い剛性率,極度のひずみ依存性,および長時間での緩和の少なさである。純Aのゲルではこの傾向はさらに強く,$\gamma=0.005$でも剛性率はひずみ量に強く依存し,凝集性粒子分散系に似た挙動である。Aゲルの主な構造は結晶粒の凝集で,連続性の少ない不完全な網目構造であるとすれば理解できる。これを補強するものとして,Aゲルの剛性率は濃度ϕによる変化がϕ^2より強く(式(8.2)参照),また測定(あるいは試料)の再現性がよくないことが知られている(第9章の「食品のゲル」(174頁)参照)。

大変形挙動の分類の可能性

食品関連の物理ゲルのレオロジーでは壊れやすいとか粘っこいというようなサイコレオロジー的な記述が多いが,基本的なレオロジー特性と物質構造を考えて,大体の型を分類することができないだろうか。上の考察では,典型的な網目構造,鎖の滑りで緩和する高分子溶液,粒子分散系の3種類の特徴的なレオロジー挙動があり,それぞれ分子の構造・性質と関連付けることができる。

APゲルと関連して,キサンタン(ザンサン;微生物由来の多糖類)が興味深い。これは高分子量の分岐高分子で,水素結合するけれども結晶やヘリックス構造などの橋架け点がない。水溶液から単独ではゲル化しないが,他の多糖との混合でできるゲルは粘弾性に富む。前に橋架け点は弱い結合の集合と考えたが,分子量が高くて分岐のある高分子では,分散した水素結合も有効な結合になると思われる。第5章で考えた滑りやすいからみ合いと強い橋架けの中間と考えられ,粘弾性の傾向の強いゲルになるものと思われる。

実際のゲル状物質については,上記のような構造的考察に加えて,高分子溶液や固体粒子の混入,砂糖などによる増粘などが起こりうるが,前章までに述べた基本的レオロジー特性の組み合わせとして理解することができよう。

圧縮大変形における破壊と溶媒流出

　食品の物理ゲルでは，変形・破壊と媒体の排出が食感との関連で重要である。急激な媒体の排出が起こる程度の急な変形は，破壊しにくい永久網目ゲルでも難しい現象である。最近の研究から，現象の一部を紹介する(K. Nakamura et al., *Food Hydrocolloid*, **15**, 247 (2001))。試料はジェランの1％前後の水性ゲルで典型的なゲルに属する。

　直径1cmの試料を一定速度で圧縮する。

　（a）　圧縮速度が非常に高い場合，ゲルは壊れる。圧縮する方向に対して $\pi/4$ の角度の面に沿った割れ目が生じる。

　（b）　ややゆっくり圧縮する場合は，水が滲み出してゲルの長さは減少するが，同時に細かい縦われが生じる。

　（c）　きわめてゆっくり圧縮すると，ゲルは破壊することも横に膨らむこともなく均一に薄くなり，同時に水が滲み出す。圧縮されて水分を失ったゲルは，水を吸収して元に近い形まで回復する。

　このような特性は，水の移動性がゲルの強度と交錯しているのが特徴的である。速い圧縮では塑性変形が生じており，凝集性粒子のゲルと同様である。水の移動が追随できない場合の構造の弱さを反映している。凝集性粒子ゲルと違って滑らかな塑性流動が見られないのは，組織が中途半端に強く，壊れた試料片が固体の性質を保つためであろう。ゆっくり圧縮した場合の挙動は，一見永久網目ゲルの応力-膨潤の関係に似ている。永久網目ゲルでも，押し出された溶媒が除去されればどこまでも変形し，最終的には乾燥してしまう。

　実用的な食品ゲルでは，このように難しい現象も扱わなければならない。一方では，微小な変形での平衡的な体積変化などの研究は手薄にならざるを得ない。このようなゲルは水分量によって構造が変化するから，永久網目ゲルとは異なった結果になるかもしれない。永久網目ゲルの大変形レオロジーとともに，上記のような研究の基礎になると思われる。

5　ゲル化臨界点

ゲル化臨界点と粘弾性

　化学反応や結晶化などで高分子やコロイド粒子間の結合が増加するとクラスターが大きくなり，系全体につながった構造ができた時点でゲルになる。粘弾性液体から粘弾性固体（第4章参照）への変化と考えてよい。この問題については詳細な総説がある（H. H. Winter et al., *Adv. Polym. Sci.*, **134**, 165 (1997)）。

　ゲル化臨界点においては物質は液体とも固体ともいえない。臨界点においてきわめて長い時間では下記のべき乗緩和が予測されるが，実際には広い時間の範囲で成立する。

$$G(t) \propto t^{-n} \quad (t > \tau_0;\ 1 > n > 0) \tag{8.6}$$

τ_0 はゲル化で変化しない緩和機構（ガラス-ゴム転移など，第5章，89頁）の最長の緩和時間である。動的粘弾性は次式で表される。

$$G'(\omega) \propto G''(\omega) \propto \omega^n, \quad \tan\delta = \frac{n\pi}{2} \quad (\omega < \tau_0^{-1}) \tag{8.7}$$

　臨界点においては，未反応のモノマーから系全体に広がる大きいクラスターに至る種々の大きさのクラスターがあり，その分布が（フラクタルの用語で）自己相似性という普遍的な性質を持っていることが，このような挙動に関係している。

　図 8.10 に示すのは両端に水酸基を持つポリブタジエン（液状ゴム）を3官能性のイソシアネートで橋架けゲル化させた結果である。反応時間（すなわち反応度 p）とともに G' が上に凸の曲線から下に凸の曲線に変わって，粘弾性液体から固体に変化する。ちょうど中間の点で，$\tan\delta$ が周波数に依存しなくなる。図 8.10 の右図のように種々の ω における $\tan\delta$ を反応時間に対してプロットすると，周波数依存性が消える時間としてゲル化臨界点（$p = p_c$）が正確に定められる。

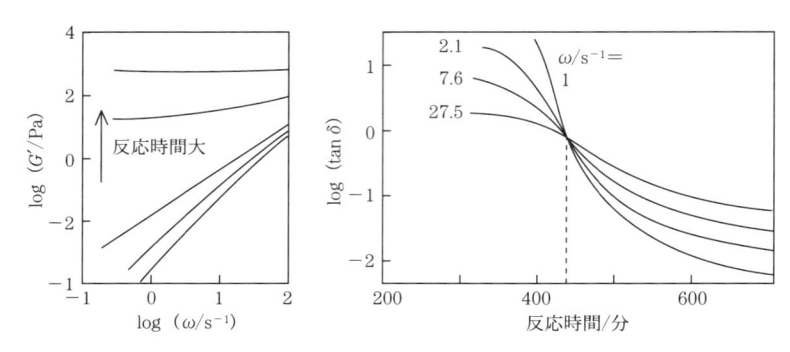

図 8.10 液状ゴムのゲル化過程における貯蔵剛性率（左）と正接損失（右）(N. Nemoto et al., *Bull. Inst. Chem. Res., Kyoto Univ.*, **71**, 437 (1993) より引用)。

このような結果は物理架橋ゲルでもごく一般的である。高分子溶融体からの結晶化時間，多糖類溶液を低温に保った時間，温度や濃度の変化でゲル化する系では温度や濃度などが p に相当する。

ゲル化臨界点での大変形レオロジー

固体-液体の中間の物質の大変形は想像しにくい。ポリ塩化ビニル（PVC）のフタル酸ジエチルヘキシル（DOP）溶液は低温でゲル化する。ゲル化臨界点で大変形ずり応力緩和測定を行うと，緩和剛性率 $G(t, \gamma)$ は式 (8.6) のように変化する。ひずみ γ による変化は小さい。$\gamma = 5$ 程度では少し低下するが，構造が

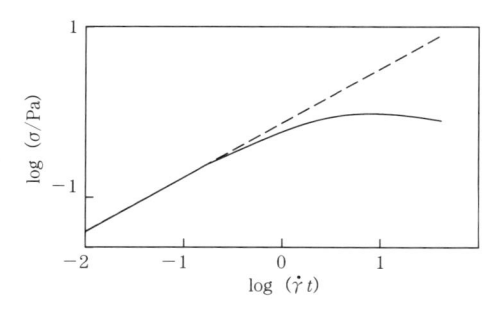

図 8.11 PVC-DOP 溶液のゲル化臨界点における応力成長（垣内崇孝，博士論文，京都大学，2001 による）。

若干壊れたことによると思われる。化学ゲルではγによって低下しないと考えられる。

一定速度のずり流動の場合には，線形粘弾性の関係式(4.6)から，ずり応力はひずみ量にしたがって**図 8.11**における破線のように(γ^mに比例して)増加すると予測される。遅い流動ではずり速度に関係なく実線のような変化が観測された。臨界ゲルをゆっくり変形したとき，ひずみがある程度になると線形粘弾性挙動から外れた挙動が見られるが，そのはずれはひずみ量だけで決まる。物理ゲルのクラスターが遅い変形でも長時間では壊れるか，あるいは配置換えの効果によって応力が低下すると思われる。壊れるためだとすれば，化学ゲルの臨界点では異なる結果（破線に沿ってさらに増加する）が予測される。

ゲル化と臨界現象

ゲル化の臨界点を相転移などの一般的な臨界点と同様に扱う試みは研究途上で簡明に解説できないが，さらに進む読者のために関連するキーワードだけ記しておく。理論では種々の臨界現象における物理量の発散の様子の共通性を活用する。臨界現象のスケーリング理論にしたがって，ゲル化臨界点でも粘度と平衡剛性率について次のような性質が成立すると予測する。

$$\eta \propto (p_c - p)^{-s} \quad (\text{ゾル}: p < p_c); \quad G_e \propto (p - p_c)^{-z} \quad (\text{ゲル}: p > p_c)$$
(8.8)

さらに，単純な仮定によって，粘弾性の臨界指数との間に$n = z/(z+s)$の関係が導かれる。

ゲル化の過程を表す理論（重合の統計理論，カスケード理論，パーコレーション理論など）によって，生成物の特性(pと平均クラスターサイズの関係，p_c，フラクタル次元など）および臨界指数n, s, zが予測されるので，ゲル化理論を検証したり，実際の系のゲル化機構や構造を調べるのに役立つと信じられている。今のところ臨界指数の観測値は物質によってさまざまで，ゲル化を統一的な枠組みで解釈できるかどうかは分からない。

第 9 章
やさしい観察と実験

　この章では，レオロジーに関する簡単な観察と実験，身近な話題などを紹介する。

1 固体と液体

物の壊れ方（第1章の「固体の構造と軟らかさ」(21頁) 参照）

　白墨，銅線，千歳飴は常識的には固体である。ゆっくり力を加えると，白墨以外はちぎれるまでにかなり変形する（**図 9.1**）。

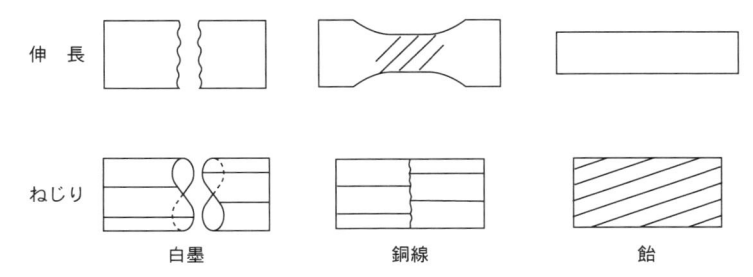

図 9.1　円柱の伸長（上）およびねじり（下）による破壊。ねじりは見やすくするために表面に平行線が書いてある。

白墨の破断面は引っ張り方向に垂直な平面で，ねじりのときはらせん面である。いずれも張力が最大の方向で，結合力が耐え切れなくなって破断する最も固体らしい性質である。銅線では引っ張り方向に角度 $\pi/4$ 傾いた平面で滑りが生じて縞模様ができる。ねじったときは円柱に垂直な平面に沿って滑る。これは塑性変形で，ずりの力が最大の方向である（第2章の「傾いた面の応力ベクトル」（42頁）参照）。塑性変形の簡単な観察には，粘土を指で押しつぶしてみればよい。大地震で橋桁がつぶれるように押しつぶされる座屈現象では，鉄筋コンクリートでもずりの力が最大の方向に滑る。千歳飴では全体が均一に変形する。粘度が高くて固体のようだが，液体の性質である。舗装道路のアスファルトも同様で，か弱い草の力でも長時間には突き破ることができる。

金属の時効 （第1章の「結晶欠陥と転位線」（23頁）参照）

　固体がだんだん固くなることを時効と呼ぶ。銅線をガスの炎に入れてからゆっくり冷却すると，軟らかく曲がりやすくなる（焼きなまし）が，長時間後には固くなる（自然時効）。この性質は盆栽の枝を矯正するために用いられる。針金を繰り返し折り曲げたりたたいたりすると，もろく固くなる（加工時効）。銅線の時効は転移線が増加して，からみ合って動かなくなるためと考えて理解することができる。焼いた針金を急冷したときも多数の欠陥が生じて転移線が絡み合うので，もろく固くなる（焼入れ）。

　プラスチックの場合には，高分子の結晶化が進行したり，密度の高い（固い）状態へ変化することによる自然時効が生じる。

セラミックと釉薬 （第1章の「共有結合による固体」（21頁）参照）

　セラミックは鉱物の粒子を成形して（粘土細工，高分子の糊をつなぎに使う成形など），焼き固めたものである。小さい粒子の表面や角では融点が下がるので，鉱物の融点以下でもくっついて固体になる（焼結という）。セラミック刃物に使う鉱物は極端に融解しにくいので，少し融点の低い別の鉱物を加えて結合させることもある。原理は次の釉薬と同じである。

　粒子は完全には融解してないので，磁器の割れた面はざらざらで元の粒子の

名残があり，水が漏れそうに見える。典型的な釉薬は鉱物と木灰の混合物である。灰の中の金属（K など）と鉱物でアルカリガラスのような物質になって融点が低下する。ガラスとして粒子の隙間を埋めるだけでなく，粒子表面の融点を下げて結合しやすくする作用もある。

　鉱物の融点を低下させる物質は融剤と呼ばれる。製鉄の際に石灰石を加えるのは，鉄以外の鉱物を融解するためである。融解物（鉱宰）は溶けた鉄の上にたまって，鉄の酸化を防ぐ。アルミニウムの精錬では融点の高いアルミナ Al_2O_3 に氷晶石を加えて溶融させて電気分解する。

ガラス化と強化ガラス （第1章の「過冷却とガラス化」（27頁）参照）

　分子が大きくて不規則な形の物質はガラス化しやすい。葡萄糖と果糖の化合物である砂糖は手軽な例で，なべで加熱すると粘度の高い液体になり，急冷するとガラス化する。冷却の過程で引き伸ばすと均一な糸になる。細いところほど速く冷却して固くなるためで，綿菓子（**図 9.2**）やガラス繊維ができる原理である。綿菓子は徐々に結晶になって壊れる。

　強い化学結合でできた石英ガラスなどを別にすれば，ガラスは液体である。粘度が高いので流れは遅いが，古い教会の窓ガラスがゆがんでいるのは，ガラ

図 9.2　ガラス化する液体は細く，薄く引き延ばすことができる。

図 9.3　内向きに張力が作用すると割れにくく，圧力が作用すると割れやすい．

スの流動の一例である．

　ガラスが熱いうちに表面を急冷すると，自動車の窓などに使う強化ガラスになる．ガラスはゆっくり冷却した方が高密度になる．熱いうちに急冷すると，表面が固まった後に内部がゆっくり冷却して収縮する．したがって，表面が内向きに引っ張られているので割れにくい（**図 9.3**）．

　熱いうちに表面を急冷して作ったビール瓶について，面白い実験がある．ドライアイスを触れる，砂を入れる，音叉を触れるの 3 つのうち，どれで瓶が割れるだろうか．答えは砂で，少量の砂を静かに入れても割れる．このビール瓶の外側は強化ガラスだが，内側は膨らんだゴム風船のように弱化していて，砂による小さな傷も広がってしまうのである．

ベルヌーイの定理に関する観察（第 3 章の「流体力学」（61 頁）参照）

　粘性のない流体の定常流では，流線に沿って $p+\rho v^2/2$ は一定で，速度 v が高いところでは圧力 p が低いことが流体力学の方程式から分かる（ベルヌーイの定理）．ρ は密度である．穴のあいた板に紙を押し付けて，息を吹き込みながら手を離すと紙は板に吸いついて落ちない（**図 9.4** 左）．板と紙の間の気流によって圧力が低下するためである．飛行機や凧の揚力，ヨットの推進力，野球ボールのカーブなども流速による圧力変化が主原因なので，同じ考え方で理解することができる．

　$p+\rho v^2/2$ が一定とすると，流速 $4\,\mathrm{ms^{-1}}$ の水中では $5\,\mathrm{ms^{-1}}$ の地点より水柱 45

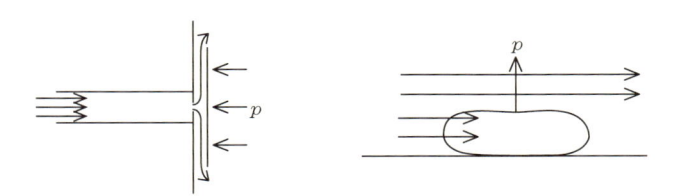

図 9.4 ベルヌーイの定理によって，流れの速い方向に向かって余分な圧力 P が作用する。

cm 分だけ圧力が高く，中間の人を急流に引き込む力が生じる。土石流では上の面の流れによる圧力低下によって，大きい岩石が浮き上がるということである（図 9.4 右）。

2 粘弾性と高分子

物の弾み—弾む液体（第 4 章の「液体の粘弾性」(77 頁) 参照 (**図 9.5**)）

シリパテは橋架けしてないシリコーンゴムに固体粒子を分散させたパテ状の物質である。玩具店でいろいろな名前で売られている。$\omega_m = 100 \text{ s}^{-1}$ 程度に単一緩和に近い粘弾性分散があり，低周波数では $G' < G''$ で粘性的，高周波数では

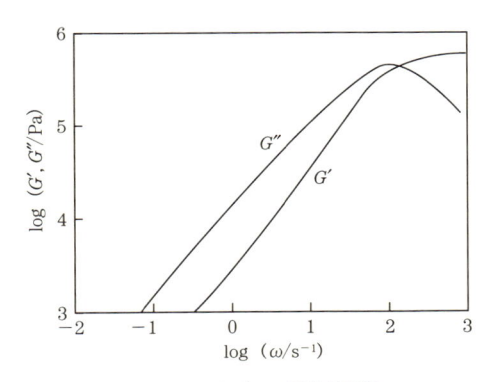

図 9.5 シリパテの動的粘弾性

$G' > G''$ で弾性的である。放置すると流動するが，丸めて落とすときの衝撃はずっと高い周波数に相当するので弾性的に弾む。粘度の高い液体のようにゆっくり引き伸ばすことができるが，急に引き伸ばすとゴムのように切れて跳ね返り，切り口はゴムが切れたときのように見える。

人間の関節液はヒアルロン酸という高分子の溶液で，粘弾性液体である。通常の運動では液体として潤滑剤になり，衝撃に対しては衝撃吸収の役割を果たしている。卵白はひよこの栄養源であるが，一方，衝撃を和らげる働きをする粘弾性液体である。

物の弾み―弾まぬゴム（第4章の「固体の粘弾性」(76頁) 参照 (図 9.6)）

制振鋼板に用いられる防振ゴムのボールはつまんだ感じは通常のゴムと変わらないが，落としても弾まない。冷却すると通常のゴムより固くなるので，つまんだだけで違いが分かる。弾まぬゴムと通常のゴムを半分づつ貼り合わせたボールは不規則に弾む面白い玩具である。玩具店にもあるが，自動車用品店などで防振ゴムシートと一緒にボールも売っていることがある。

弾まぬゴムの動的粘弾性を調べると，室温では 100〜1000 Hz に吸収があって，落としたときの振動エネルギーを熱に変えてしまう。100 度では吸収は高周波数に移り，100〜1000 Hz では $G' \gg G''$ となって，剛性率一定の普通のゴムと変わらない。-20°C では吸収は低周波数に移って，100〜1000 Hz で $G' \gg G''$ となり，ガラスのような弾性固体になる。高温ではゴムのように，低温ではガラスのように少し弾む。

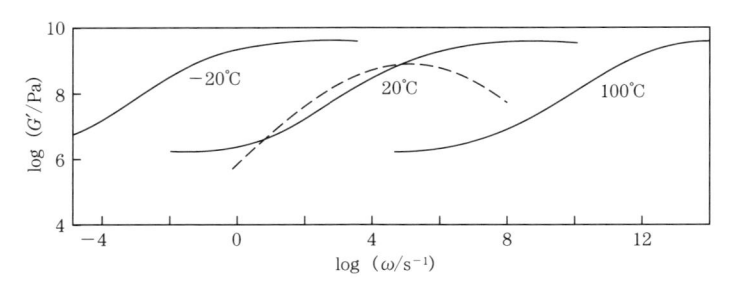

図 9.6 防振ゴムの貯蔵剛性率。破線は 20°C の損失剛性率。

ゴムのエントロピー弾性 （付録の「ゴム弾性理論」，185頁参照）

ゴムはコロンブスによって西洋に紹介されもので，主成分はシス-ポリイソプレン（$-CH_2-CH=CH-CHCH_3-$）$_p$ である．ゴムの樹液（ラテックス）はゴムを含む液滴が水に分散したエマルションで，酸などを加えると塊（生ゴム）になる．このように塩などを加えて分散粒子を塊にする操作を塩析という．生ゴムもボールにすると弾む．当初は消しゴム（ゴムの呼称"rubber：こすりもの"はその名残）や防水布に用いられたが，べとべとと粘着した．19世紀半ばに加硫法が発明され，19世紀末に自動車タイヤとして大量に使われ始めた．加硫は硫黄を混合して加熱し，高分子鎖の間に化学結合による橋を架けて流動性を止める操作である．

荷重をかけたゴム紐に熱湯をかけると縮む（図 9.7）．張力が増加したので，元の長さに保つには荷重を増やさなければならない．また，伸ばしたゴムを急

図 9.7 ゴムのエントロピー弾性

に収縮させると温度が低下する（唇で触れていれば分かりやすい）。ゴムの急な（断熱的な）伸縮による温度変化はジュール効果と呼ばれ，気体の断熱膨張におけるジュール-トムソン効果に対応する。これらの現象はエントロピーから生じる弾性の特徴である。温度と密接な関係にあることを強調して，ゴムの弾性について熱弾性という言葉が使われることもある。

ゴムが冷蔵庫中では伸びにくく弾性的でなくなるのは，結晶化するためである。液体窒素中で固く割れやすくなるのはガラス化のためである（第5章の「高分子粘弾性の4領域」（85頁）参照）。

ポインティング効果 （第2章の「ネオ・フック弾性体のずりと法線応力差」（45頁）参照）

伸長したゴムをねじると張力が減少する。手軽な測定には，ばね秤につるしたゴムひもを一定長さに引き伸ばし，ねじりによる張力変化を調べればよい。ポインティング効果は，重りをつり下げて適当に引き伸ばしたゴムひもをねじると伸びる現象である（図9.8）。

回転させたときふらつきにくい重りを吊り下げて，十分ねじってから手を離して回転させると，ゴムの伸縮が観測できる。回転が止まるときがねじりが最大で，長さは最大になる。

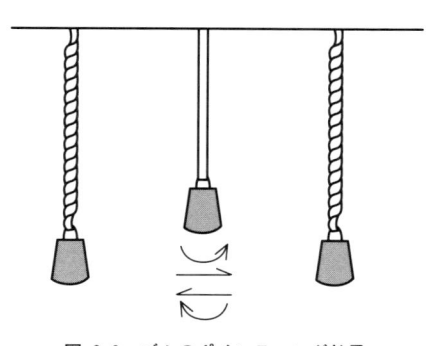

図 9.8　ゴムのポインティング効果

2 粘弾性と高分子

スライムの風船（第8章の「有限寿命の網目」(147頁) 参照）

　粘弾性液体としてはスライムという玩具があるが，自分で作る方が観察には便利である。市販の洗濯糊（成分ポリビニルアルコール（PVA）のもの）を水で薄め，かき混ぜながら硼砂（硼酸ナトリウム）の水溶液を少しずつ加える。むらができたときは一度加熱すると均一になる。少量で濃度を変えて何回かやってみれば，軟らかいボールから卵白程度のものまで自由に作れるようになる。洗濯糊のPVAの分子量はあまり高くないので，薄めた溶液の粘度は低い。硼酸イオンがPVAの-OH基と結合して，隣り合うPVA分子に橋架けするので，弾性が発生する。結合はくっついたり離れたりする型（有限寿命網目）なので，橋架けゴムのようにはならないで，粘弾性液体になる（**図9.9**）。

　適当な濃さのものは回転シャフトで巻き上げることができる。耳たぶくらいの固さのものは，ストローの先に巻きつけてゆっくり吹くと風船ができる。この液体は伸長流動硬化の性質があるので，容易に巻き上げたりフィルムにしたりすることができる。

　液体を引き伸ばしたとき，ひずみ速度にむらがあると速いところが細くなるが，ひずみ速度が高いほど粘度が高い（流動硬化）場合には，細いところが伸びにくくなって均一に伸長しやすい。2次元のフィルムの場合も同じである。ガラス繊維ができたり，ガラス瓶を吹いて作ることができるのは，細く（薄く）なったところが速く冷えて固くなるからである。ところが，シャボン玉は平たく伸ばすことができるのに，糸に引くことはできない。2重膜になりやすい界面活性剤には，細長くなったときに強くなる性質はない（第7章の「ミセルの構造」(131頁) 参照）。

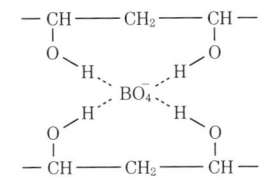

図9.9　硼酸イオンによるPVA鎖間の橋架け。絶えずくっついたり離れたりしている。

ワイセンベルグ効果とバラス効果 (第3章の「法線応力効果」(59頁) 参照 (図9.10))

ずり流動する粘弾性液体では，第1法線応力差によって流れに沿った張力が作用する。円に沿った流れでは張力の合力は内向きの圧力で，遠心力の逆である。液体は回転する棒に巻き付いて這い上がる (ワイセンベルグ効果)。

管から押し出された液体では，管内でずり流動を引き起こしていた壁が突然消えることになるので，張力が開放される。伸ばされたゴムひもが縮むのと同じである。そのために液体の径は管の径より大きくなる (バラス効果あるいはダイ・スウェル)。

いずれも，分子量の高い高分子のやや希薄な溶液で観察することができるが，適当な手製のスライムが便利である。バラス効果の観測には，軟らかいプラスチック容器 (マヨネーズや洗濯糊の容器) を用いると，手で押し出すことができる。

なお，粘弾性液体の流動の奇妙な性質については，面白い写真集がある (D. V. Boger and K. Walters, Rheological Phenomena in Focus, Elsevier, Amsterdam)。

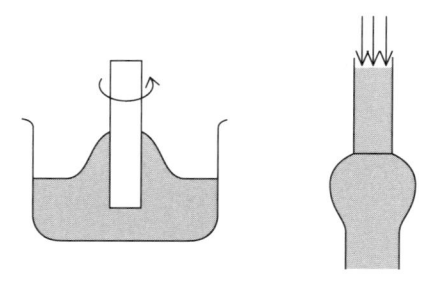

図 9.10 粘弾性液体の回転棒への這い上がり (左) と噴出ジェットの膨らみ (右)

3 分 散 系

表面張力とファンデルワールス力(第6章の「粒子間力の起源」(99頁),第7章の「液体混合物のレオロジー」(120頁) 参照)(図 9.11)

　水の表面張力は $73\,\mathrm{mNm^{-1}}$ だから,直径 2 cm,重さ 1 g の 1 円硬貨を浮かべたときに作用する力は最大 $(2\times10^{-2}\,\pi\mathrm{m})(73\,\mathrm{mNm^{-1}})=4.6\,\mathrm{mN}$ になり,重力 $(10^{-3}\,\mathrm{kg})g=9.8\,\mathrm{mN}$ の方が大きい。よく見ると水面がへこんで少し沈んでいる。このため底から余分な圧力(浮力)が作用する。水面より h だけ沈むとすると,浮力は $f=\pi r^2\rho gh=3.1(h/\mathrm{mm})\mathrm{mN}$ である。周囲に働く力と合わせて重力を支えるには 1.7 mm 以上沈まなければならない。同じ底面積では,周囲を長く(たとえば蚊取り線香形に)すると沈まない。アメンボの足や,ハスの葉の表面には細かい毛が生えて面積を広げているので,水に浮かんだり,あるいは水玉を乗せたりすることができる。

　ヤモリが何にでもくっついて滑らないのはファンデルワールス力(FDW 力)による。物理化学では,分子サイズ程度に滑らかな面を接触させると FDW 力でくっついて離れないと習う。ヤモリの場合は,多数の軟らかい毛が生えていて,どのような凹凸にも分子的なレベルで接触できる。これを模してポリイミド・フィルムにつけたシリコンを微細加工して,長さ 2 μm,太さ 0.5 μm の毛で覆ったところ,ガラスに対して 30 MPa の接着力が得られたという。60 kg の

図 9.11　表面張力とファンデルワールス力

人は 200 cm² で支えることができるから，両手のひらで天井からぶら下がることができる。

底無し沼（第 6 章の「構造変化に関する基本事項」（113 頁）参照）

　ベントナイトはモンモリロナイトという鉱物を主成分とする粘土である。水を加えてとろりと流れる程度にしたものを，5 分くらい静置すると傾けても流れなくなる。瓶を振るかスプーンで掻きまわすと，また流れるようになる。このように振動などで流れるようになる現象をチクソトロピーという。底無し沼の泥も同じ性質で，そっと踏んでも流れないが，もがくと流れる（図 9.12）。

　セラミックの大型成形物を作るときに，水分は極力減らしたままで，型の隅々まで原料を流し込むことが望まれる。この場合にはチクソトロピーを応用して，振動によって流動性をよくする。また，油井掘りなどのボーリングの錐を停止しておくと，周囲の土砂が落ち込んで錐が動かなくなることがある。チクソトロピー性の泥水（ボーリング・マッドという）を流し込んでおくと，停止したときには固まって土砂が落ち込まず，仕事を再開するときには流れるという利点がある。ドロバチやトックリバチは粘土で巣を作って幼虫を育てる。成虫は粘土を抱えてきて巣に止まると，羽を激しく振動させる。抱えていた粘土は流動性になって，容易に塗りつけることができる。昆虫のチクソトロピーの応用は，観察にビデオが使われるようになって発見されたと思われる。

図 9.12　チクソトロピー

澱粉のダイラタンシー（第6章の「球形粒子の無秩序分散系の粘度」(105頁) 参照）

　片栗粉として売られている馬鈴薯澱粉に，ちょうど浸るくらいの水を加えたものは，静かにかき混ぜたり，スプーンからたらすと滑らかに流れる．一方，強くかき混ぜたり，箸を突き込んだりすると強い抵抗があり，固体のように壊れる．壊れたかけらはすぐに溶けて流れる．海岸の濡れた砂を踏んでも同じようなことが起こる．小さい力に対しては液体，大きい力に対しては固体のような挙動をダイラタンシーと呼ぶ(**図 9.13**)．サツマイモや葛の澱粉は粒子が細かいので流れが滑らかで，挙動の差がさらに印象的である．

　澱粉粒子は水に沈んで比較的密に詰まった充填状態になっている．大きな力を加えると充填状態が乱れて隙間が増え，（dilatancy は"dilate 膨張する"に由来）隙間の水分が不足して潤滑剤不足の状態になるので，固体のような抵抗が生じる．砂浜の砂を急に踏むと固くなるが，じっと踏んでいると，水がにじみ込むにつれてまた軟らかくなるのが分かる．

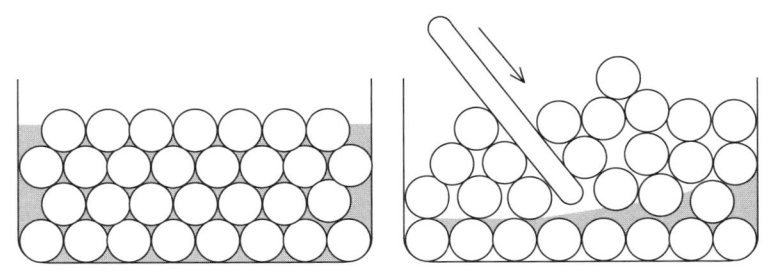

図 9.13　ダイラタンシーの原理．力によって粒子の並びが乱れて隙間が多くなり，隙間を満たす水分が不足する．

小麦粉の性質（第6章の「高分子による分散性制御」(117頁) 参照）

　食感のよいてんぷらの衣の作り方として，薄力粉を使う，氷水を使う，かき混ぜないという3原則はよく知られている．その原理はグルテンという蛋白質による凝集構造を作らないことで，薄力粉にはグルテンが少なく，低温では凝集しにくく，かき混ぜなければ凝集の機会が少なくなるということである．軟

らかいケーキを作る際にも，同じようにグルテンの凝集を避ける努力をする。

　グルテンの凝集の性質を見るためには，強力粉（グルテンが多い）を固めに練って，水の中で指でもむ。澱粉などの粒子が水に抜け出していくと，薄い灰色のゴムのようなかたまりが残る。水の中で凝集した蛋白質である。蛋白質の凝集およびそれを通じた澱粉などの粒子の凝集構造ができると，てんぷらの衣は固く壊れにくいものになる。

　最近では熱処理でグルテンを変成させたり，他の粉を加えてグルテンを減らしたりした粉が市販されているので，てんぷらは失敗しなくなった。それでは，グルテンを除いてしまうとどうなるか？　コーンスターチなどでやってみると，流れてしまってうまく粘着しない。グルテンは粘着剤の役割を果たしているので，排除するわけにもいかない。高分子による分散性制御である。

　グルテンの凝集力が好まれるのは，バゲットのような固いパンやスパゲッティ，素麺などのしっかりした麺類で，グルテンの多い原料が使われるだけでなく，塩を加えて激しく練ることによって強い凝集組織を作る。この外に，澱粉のゲル，澱粉の溶液，不溶性粒子の分散などが関係しているので麺の特性は多様であり，食通はいろいろな理屈を述べることができる。

4　エマルション

牛乳（第7章の「エマルションの構造」（127頁）参照）

　牛乳はエマルションで，粒子が光を散乱して白く見える。激しくかき混ぜると脂肪の液滴が衝突して固まり，バターになる。もっとも，ホモジェナイズされた最近の牛乳は脂肪粒子が小さくて分離してこない。

　多量の蛋白質を含む牛乳の粘度がさほど高くないのは，球形粒子として分散しているからである。牛乳に食酢（酢酸）を加えると，蛋白質（カゼイン）のゲルが分離する。チーズと同じ物質であるが，チーズを作るときは酢酸ではなくて子牛の胃からとったレンネットという酵素を用いる。カゼインは球形蛋白

質で，牛乳中では分子が多数集まった球形粒子として分散している．分子の表面は疎水性で凝集性があるが，適当な大きさの球形集合体粒子の表面にある分子の外側だけが親水性になっていて，粒子は水に分散する．酸や酵素の作用で親水性が壊されると，粒子が凝集してゲル化する．

マヨネーズ (第7章の「エマルションの構造」(127頁) 参照)

　マヨネーズは少量の水に油が分散したO/W分散系である．水が連続相で油が粒子化しているので，水に浮かべてみると溶ける．油中では水のようにはじかれて，境界がはっきりしている．マヨネーズの油は水で隔離されているので，外の油となじまない．

　マヨネーズは少量成分が連続相になっているエマルションの例なので，作ってみると面白い．

　サラダオイル1カップ，食酢大さじ1杯，卵黄1個分，塩小さじ1杯，マスタード，胡椒などを用いる．卵黄とマスタードに界面活性作用がある．オイル以外のものをよく混ぜ合わせた後で，激しくかき混ぜながらオイルを少しずつ加える．いつでも全体が一様になっているように，オイルは少しずつ追加する．分散粒子が多くなるにつれて，だんだん固く流れにくくなっていくのを実感することができる．逆にオイルに他の成分を加えると失敗するが，完成した後では，食酢や水などを加えて撹拌しても均一に混じる．

5 ゲル

ゲルとアクチュエーター (第8章の「膨張-収縮転移と応力」(151頁) 参照)

　ゲルの体積変化を利用して，有用な力や運動を引き起こすことができる．ゲルを用いた場合，卵をつかむようなソフトな接触が可能な点も注目される．よく知られた例を紹介する．

　温度によって凝集度が変化する高分子（PNIPAやPVMEなど）のゲルでは，

温度変化で作動する力学装置を作ることができる。変化の生じる温度領域が体温に近いので，人口筋肉への応用の可能性があるとされている。

ポリアクリル酸塩などの電解質高分子のゲルは，塩濃度やpHによって体積変化する。pH変化を検知したり，pH変化で作動する弁に応用することができる。また，電場によりゲル板の両側のpHを変化させると変形する。雑な実験としては，ゲルを電極に挟んで直流電圧をかけると電気分解によって水素イオンが減少し，水が滲み出して収縮する。このようなゲル板は交流電場では振動する。ナフィオン膜（デュポン社のフッ素系イオン交換膜，燃料電池などに用いる）の両側に薄く金めっきして水中で交流電圧をかけると，相当速い応答で屈曲振動することが見出されている．

食品のゲル（第8章の「物理ゲルの大変形レオロジー」（151頁）参照）

寒天やゼラチンのゲルは水溶液を冷却して作る。それほど粘度が高くない溶液でもゲル化し，ゆっくり冷却すればゲル化する温度も（濃度で変わるけれども）かなりはっきりしている。また，その温度の少し上で融解して溶液になる。ゲル食品を作るとき，熱い溶液をゆっくり冷却してから冷蔵庫に入れるほうが，強い橋架け点ができて，しっかりしたゲルができる。最初から急冷すると，橋架け点の種ができすぎて高分子鎖が身動きできなくなって，橋架け点が強くならない。

馬鈴薯澱粉（片栗粉）の糊を冷却するとゲル化するが，寒天やゼラチンとは様子が違う。ゲル化する程度に濃い糊は粘度が高く，冷却すると粘度はだんだん増加して，特定の温度で急にゲルになることはない。相当固いようでもゆっくり流れるが，時間がたつと流れないゲルになる。冷蔵庫で貯蔵すると結晶が大きくなって，白くもろくなる。さらに，乾燥して透明になったビーフンやハルサメは，水を吸収して軟らかいゲルになり，煮ても溶解しない。

馬鈴薯澱粉は結晶化しやすいアミロース（A，約25%）と結晶化しにくいアミロペクチン（AP）の混合物である。高分子量のAP溶液の粘度は高く，特に低温では高粘度になるので，Aの結晶化が遅くなると考えられる。

もち米の澱粉はAPのみでできていて，糊は急にはゲル化しない。温度の低

図 9.14 結晶化しにくいもち米澱粉の溶液は粘弾性の高分子溶液に似ている。砂糖やミルクを混合すると、低温でもよく伸びる。

下にしたがって流れにくくなるのは、水素結合で分子の運動が妨げられるからである。もち米澱粉の糊に多量の砂糖や牛乳などを混合すると、分子間の水素結合が妨げられて、低温でも固くならない。アイスクリームと混合して冷却すると、餅のように伸びるアイスクリームができる。

付　録

A1　応力と弾性

応力の表し方

物体中の微小な面の正側物質から負側に作用する力（単位面積当り）は応力

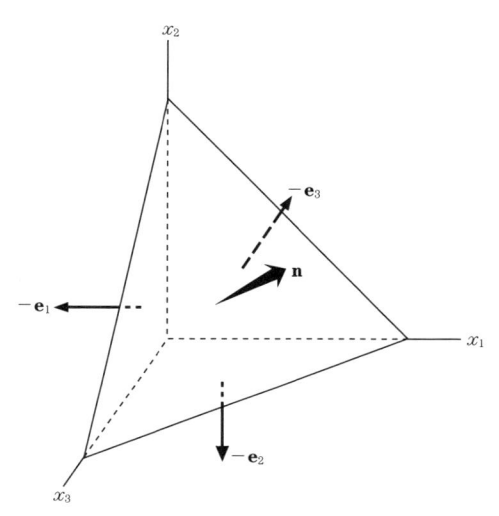

図 A1.1　応力ベクトルの一般式を導くための4面体

ベクトルである。面の面積を S, 法線ベクトルを $\mathbf{n}=(n_1, n_2, n_3)$ とし, ベクトル $\mathbf{n}$ の向きを正側とする。任意の方向 $\mathbf{n}$ の面の応力ベクトルが分かれば, 応力状態が分かったことになる。

方向 $\mathbf{n}$ の面と正規直交座標系 $x_1x_2x_3$ の各軸に垂直な座標面でできる4面体を考えて, 4面体の外側を正側とする。x_j に垂直な面の面積を S_j とする。それぞれの面の法線ベクトルは $-\mathbf{e}_j$ である。ただし, $\mathbf{e}_1=(1,0,0)$, $\mathbf{e}_2=(0,1,0)$, $\mathbf{e}_3=(0,0,1)$ とする。$\mathbf{e}_j$ を使えば $\mathbf{n}=n_1\mathbf{e}_1+n_2\mathbf{e}_2+n_3\mathbf{e}_3$ と書くこともできる（図 A 1.1）。

問題の面の応力ベクトルを $\mathbf{f}=f_1\mathbf{e}_1+f_2\mathbf{e}_2+f_3\mathbf{e}_3$, x_j に垂直な側面の応力ベクトルを $-\boldsymbol{\sigma}_j$ とする（x_j 軸の正向き, すなわち $\mathbf{e}_j$ 向きの応力ベクトルは $\boldsymbol{\sigma}_j$)。4面体に作用する力の平衡条件は次式で表される。

$$\mathbf{f}S = \boldsymbol{\sigma}_1 S_1 + \boldsymbol{\sigma}_2 S_2 + \boldsymbol{\sigma}_3 S_3 \tag{A 1.1}$$

均一な圧力 p の場合には応力ベクトルはすべての面に垂直で値は一定だから, $f=-p\mathbf{n}$, $\boldsymbol{\sigma}_i=-p\mathbf{e}_i$ である。式 (A 1.1) に代入して $\mathbf{e}_i$ の係数を比較すると, 面積に関する関係 $S_i=Sn_i$ が得られる。

$\mathbf{e}_j$ 向きの応力ベクトルを $\boldsymbol{\sigma}_j=(\sigma_{j1}, \sigma_{j2}, \sigma_{j3})=\sigma_{j1}\mathbf{e}_1+\sigma_{j2}\mathbf{e}_2+\sigma_{j3}\mathbf{e}_3$ と書くことにする。式 (A 1.1) に代入して $\mathbf{e}_i$ の係数を比較すると,

$$(f_1, f_2, f_3) = \left(\sum n_j\sigma_{j1}, \sum n_j\sigma_{j2}, \sum n_j\sigma_{j3}\right) \tag{A 1.2}$$

が得られる。$\sum$ は $j=1, 2, 3$ にわたる和を表す。任意の方向 $\mathbf{n}$ の面の応力ベクトル (f_1, f_2, f_3) を表すには9個の量 σ_{ij} の値が分かればよいことが分かる。

次に, 座標系 $x_1x_2x_3$ の座標面で構成されて, 1辺が d の立方体について, x_3 軸の周りのトルクを考える。x_2 軸に垂直な上側の面の x_1 方向の力は $\sigma_{21}d^2$ だから, これによるトルクは $\sigma_{21}d^3/2$ である。下側の面からのトルクも同じである。同様に, x_1 軸に垂直な面からのトルクは $-\sigma_{12}d^3/2$ だから, x_3 軸周りのトルク M は $d^3(\sigma_{21}-\sigma_{12})$ である。立方体の回転の慣性モーメント I は d^4 に比例するので, 角加速度 $(=M/I)$ は $(\sigma_{21}-\sigma_{12})/d$ に比例する。$\sigma_{21}=\sigma_{12}$ でなければ, 角加速度は d の減少と共に限りなく増大してしまう。同様に

$$\sigma_{ij}=\sigma_{ji} \tag{A 1.3}$$

の関係が成立しなければならない。したがって, 応力状態を決めるには9個の

σ_{ij} のうち 6 個の値が与えられれば充分である．

応力ベクトルの計算例 （「傾いた面の応力ベクトル」42 頁参照）

$x_1 x_3$ 面（x_2 軸に垂直な面）を x_3 軸の周りに角度 θ だけ回転させた面の法線ベクトルと（x_3 軸に垂直な）接線ベクトルは，それぞれ $\mathbf{n} = (n_1, n_2, n_3) = (\sin\theta, \cos\theta, 0)$，$\mathbf{t} = (t_1, t_2, t_3) = (\cos\theta, -\sin\theta, 0)$ である（図 A1.2）．

1 軸伸長応力 $\sigma_{11} = f$，$\sigma_{22} = \sigma_{33} = 0$ による応力ベクトルは式（A 1.2）を用いて次のように求められる．
$$(f\sin\theta, 0, 0) = \mathbf{n} f \sin^2\theta + \mathbf{t} f \cos\theta \sin\theta$$
応力は法線成分（第 1 項）と接線成分（第 2 項）の和である．$\theta = 0$ の面ではいずれの成分も 0，$\theta = \pi/2$ では法線成分 f のみ，$\theta = \pi/4$ の面では接線成分は最大値 $f/2$ になり，法線成分も $f/2$ である．

微小ずりで大気圧を無視して $\sigma_{21} = \sigma_{12} = \sigma$，$\sigma_{11} = 0$ とすると，
$$(\sigma\cos\theta, \sigma\sin\theta, 0) = \mathbf{n}\sigma\sin 2\theta + \mathbf{t}\sigma\cos 2\theta$$
が得られる．$\theta = \pi/4$，$-\pi/4$ の面では接線応力成分は 0 であり，法線成分はそれぞれ σ（最大値），$-\sigma$（最小値）である．

大変形の弾性理論

ネオ・フック弾性体に限らず，弾性体一般に適用できる応力の式を導く．3 軸

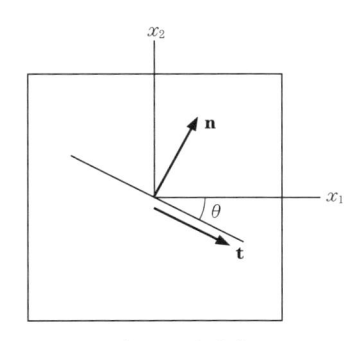

図 A1.2 変形した物体中で，$x_1 x_3$ 平面を x_3 軸周りに角度 θ 回転した平面

伸長試料片の伸長比を仮想的に $\delta\lambda_1$, $\delta\lambda_2$, $\delta\lambda_3$ だけ変化させる。x_1 軸に垂直な面の断面積は $\lambda_2\lambda_3$ だから作用している力は $f_1\lambda_2\lambda_3$ で，面の移動は $\delta\lambda_1$ である。外力による仕事 $f_1\lambda_2\lambda_3\delta\lambda_1$ は物質に蓄えられ，物質の弾性エネルギー W（ひずみエネルギー関数）は $\delta W = f_1\lambda_2\lambda_3\delta\lambda_1 + f_2\lambda_3\lambda_1\delta\lambda_2 + f_3\lambda_1\lambda_2\delta\lambda_3$ だけ増加する。

非圧縮性の場合には束縛条件 $\delta\lambda_1 + \delta\lambda_2 + \delta\lambda_3 = 0$ が付き，等方的圧力 p だけ自由に変えてもよくなる（ラグランジュの未定乗数法）。これより表面に作用する張力の式が導かれる。

$$f_1 = \frac{1}{\lambda_2\lambda_3}\left(\frac{\partial W}{\partial \lambda_1}\right)_{\lambda_2,\lambda_3} - p \tag{A 1.4}$$

f_2, f_3 の式は添え字 1，2，3 を循環的に変えれば得られる。

座標軸の番号を入れ替えても W の値は変化しないから，λ_1, λ_2, λ_3 の代りに，これらを対称に含む 3 個の独立な変数 I_1, I_2, I_3（変形の不変量）を用いて，$W = W(I_1, I_2, I_3)$ とすることができる。一般的に

$$I_1 = \lambda_1^2 + \lambda_2^2 + \lambda_3^2, \qquad I_2 = \lambda_1^2\lambda_2^2 + \lambda_2^2\lambda_3^2 + \lambda_3^2\lambda_1^2,$$
$$I_3 = (\lambda_1\lambda_2\lambda_3)^2 \tag{A 1.5}$$

を用いる。非圧縮性の場合は $I_3 = 1$ だから $W = W(I_1, I_2)$ である。

式 (A 1.4) と $\lambda_1\lambda_2\lambda_3 = 1$ の関係を用いて，次式が得られる。

$$f_1 = \frac{1}{\lambda_2\lambda_3}\left(\frac{\partial I_1}{\partial \lambda_1}W_1 + \frac{\partial I_2}{\partial \lambda_1}W_2\right) - p = 2\lambda_1^2\left[W_1 + (\lambda_2^2 + \lambda_3^2)W_2\right] - p \tag{A 1.6}$$

ここで $W_1 = \partial W/\partial I_1$, $W_2 = \partial W/\partial I_2$ とした。f_2, f_3 についても同様である。

1 軸伸長 $\lambda_1 = \lambda$, $\lambda_2 = \lambda_3 = \lambda^{-1/2}$ では，x_2 方向を基準として

$$f_1 - f_2 = 2\left(W_1 + \frac{W_2}{\lambda}\right)\left(\lambda^2 - \frac{1}{\lambda}\right) \tag{A 1.7}$$

が得られる。ネオ・フック弾性体は $2W_1 = G$, $2W_2 = 0$, すなわち $W = G(I_1 - 3)/2$ に対応する。$2W_1 = C_1$, $2W_2 = C_2$ とすると (A 1.7) はムーニー・リブリンの式になるが，対応するひずみエネルギー関数 $W = C_1(I_1 - 3)/2 + C_2(I_2 - 3)/2$ は観測結果に合わないことが分かっている。

式 (A 1.6) は応力の主値を表すので，ずり応力の計算は面倒である。応力成分 σ_{ij} を求めるには，主値の結果 $f_a - f_b = 2(W_1 + W_2)(\lambda_a^2 - \lambda_b^2)$ と $2\cot(2\chi) = \gamma$ の関係を用いて，座標変換しなければならない。

テンソルによる応力とひずみの表し方

応力やひずみをテンソルで表す文献が多いので，表し方をまとめておく。式 (A 1.2) は任意の面の法線ベクトル $\mathbf{n}=(n_1, n_2, n_3)$ から応力ベクトル $\mathbf{f}=(f_1, f_2, f_3)$ を求める関係式である。このような形で一つのベクトルから別のベクトルを決めるための量をテンソルと呼ぶ。σ_{ij} は応力テンソルである。テンソルを行列の形に並べると，式 (A 1.2) の変換則はベクトルと行列の積で表される。

$$\boldsymbol{\sigma} = \begin{bmatrix} \sigma_{11} & \sigma_{12} & \sigma_{13} \\ \sigma_{21} & \sigma_{22} & \sigma_{23} \\ \sigma_{31} & \sigma_{32} & \sigma_{33} \end{bmatrix} \tag{A 1.8}$$

$$\mathbf{f} = \mathbf{n} \cdot \boldsymbol{\sigma} \tag{A 1.9}$$

ひずみテンソルの一般論は難しいが，一様変形ではコーシー・テンソル $\mathbf{C}$ とフィンガー・テンソル $\mathbf{F}$ を作ることができれば不自由しない。ある物質点の変形前の座標を (x_1, x_2, x_3)，変形後の座標を (x_1', x_2', x_3') とすると，一様変形では $x_i = \sum_{k=1}^{3} a_{ik} x_k'$，$x_i' = \sum_{k=1}^{3} b_{ik} x_k$ の関係がある。このとき $\mathbf{C}, \mathbf{F}$ の成分は次のように定義される。

$$c_{ij} = \sum_{k=1}^{3} a_{ik} a_{jk}, \quad f_{ij} = \sum_{k=1}^{3} b_{ik} b_{jk} \tag{A 1.10}$$

行列としては $\mathbf{C}$ と $\mathbf{F}$ は逆行列の関係で，積 $\mathbf{C} \cdot \mathbf{F} = \mathbf{I}$ は対角線上の要素が 1，他の要素は 0 の単位行列である。

よく用いられるのは，次の場合である。

$$\mathbf{C} = \begin{bmatrix} \lambda_1^{-2} & 0 & 0 \\ 0 & \lambda_2^{-2} & 0 \\ 0 & 0 & \lambda_3^{-2} \end{bmatrix}, \quad \mathbf{F} = \begin{bmatrix} \lambda_1^{2} & 0 & 0 \\ 0 & \lambda_2^{2} & 0 \\ 0 & 0 & \lambda_3^{2} \end{bmatrix} \quad \text{(体積一定の 3 軸伸長)} \tag{A 1.11}$$

$$\mathbf{C} = \begin{bmatrix} 1 & -\gamma & 0 \\ -\gamma & 1+\gamma^2 & 0 \\ 0 & 0 & 1 \end{bmatrix}, \quad \mathbf{F} = \begin{bmatrix} 1+\gamma^2 & \gamma & 0 \\ \gamma & 1 & 0 \\ 0 & 0 & 1 \end{bmatrix} \quad \text{(単純ずり)} \tag{A 1.12}$$

テンソルで表すと，式 (A 1.6) は次のように書くことができる。

$$\boldsymbol{\sigma} = 2W_1(\mathbf{F}-\mathbf{I}) - 2W_2(\mathbf{C}-\mathbf{I}) - p\mathbf{I} \tag{A 1.13}$$

これを用いるとずり変形の応力成分を導くのは容易である。

$$\sigma_{12} = 2(W_1 + W_2)\gamma, \qquad \sigma_{11} - \sigma_{22} = 2(W_1 + W_2)\gamma^2, \qquad \sigma_{22} - \sigma_{33} = -2W_2\gamma^2$$
(A 1.14)

この結果はネオ・フック弾性体だけでなく，すべての非圧縮性弾性物質に対して適用できる．たとえば，あらゆる弾性体に対して

$$\frac{\sigma_{11} - \sigma_{22}}{\sigma_{12}} = \gamma \tag{A 1.15}$$

の関係が成立する．ひずみ主軸の $2\cot(2\chi) = \gamma$ の関係と比較すると，上式は応力主軸とひずみ主軸が一致することを示している．

A2 非ニュートン粘度測定の原理

いくつかのレオメーターについて，非ニュートン粘度測定のための補正の原理を考える（第3章の「粘度測定」(55頁) 参照）．ヒントによって誘導は容易であるので，詳しい誘導は演習問題とする．

円管流動法

半径 R，長さ L の円管に圧力 P で液体を流すときの流量 Q を求める．半径 r の円柱部分の液体の端に作用する力は $\pi r^2 P$ で，これは側面の力 $2\pi rL\sigma(r)$ と釣り合うので，ずり応力は $\sigma(r) = rP/2L$ で与えられる．側面のずり速度

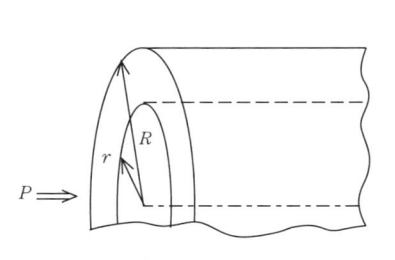

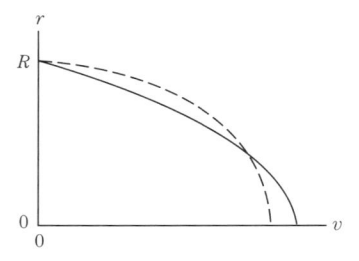

図 A 2.1 円管内の流動で半径 r の液体に作用する力を考える(左)．ニュートン液体の速度分布（右）は r の2次関数で表される（実線）；非ニュートン液体では外壁に近い領域の速度勾配が相対的に大きくなる（破線）．

$\dot{\gamma}(r) = -\mathrm{d}v(r)/\mathrm{d}r = \sigma(r)/\eta$ より,流速と流量は,$v(r) = \int_R^r (rP/2L\eta)\mathrm{d}r$, $Q = \int_0^R 2\pi r v(r)\,dr$ と表すことができる。

粘度 η を一定とすると速度を計算することができて,ハーゲン・ポアズイユの式が得られ,管壁 $r=R$ におけるずり速度(非ニュートン液体に対しては見かけの値)とずり応力が得られる。

$$\dot{\gamma}_\mathrm{a}(R) = \frac{4Q}{\pi R^3}, \qquad \sigma(R) = \frac{RP}{2L} \tag{A2.1}$$

非ニュートン液体の真の応力を求めるには,$\sigma(r)/\sigma(R) = r/R$ を用いて,$v(r)$ と Q の計算における積分変数を r から σ に変換し,得られた式を $\sigma(R)$ で微分すればよく,管壁における値について,次の結果が得られる。

$$\dot{\gamma} = \frac{\dot{\gamma}_\mathrm{a}}{4}\left(3 + \frac{\partial \ln \dot{\gamma}_\mathrm{a}}{\partial \ln \sigma}\right), \qquad \eta(\dot{\gamma}) = \frac{\sigma}{\dot{\gamma}} \tag{A2.2}$$

円管の入り口,出口付近の流動は乱れている。充分長い管では末端効果は無視できるが,通常は P/L は正しい速度勾配を与えない。種々の L の円管で Q が等しくなる圧力で測定すると,末端での流動はすべての円管で同じである。流量一定の条件で P を L に対してプロットすると,原点を通らない直線が得られ,勾配は流れの乱れのない部分の圧力勾配を表す。円管流動法の解析では,

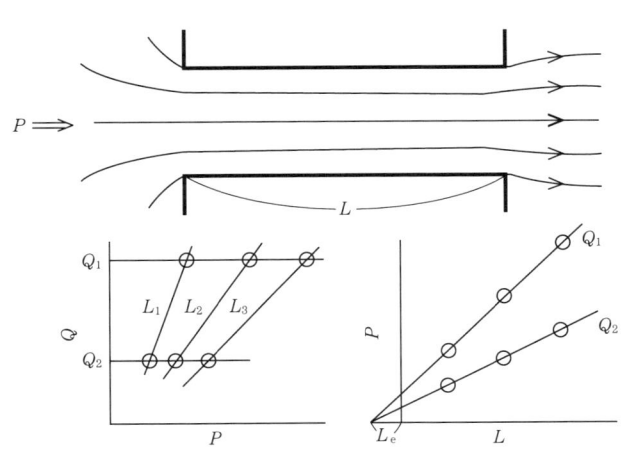

図 A2.2 円管内の流動では末端効果があり,圧力降下は管の外側でも生じる(上)。管内の定常状態領域での圧力勾配を求めるには,バグレイ・プロットを用いる(下)。

L の代りに乱れの効果を考慮した管長 $L+L_e$ を用いればよいことが分かる。この解析法をバグレイ・プロット法という。

2重円筒形レオメーター

試料を共軸の2つの円筒の間隙に満たし，外筒（半径 R_2）を回転させる。半径 r の円筒形の試料面の応力によって生じるトルクは $M=2\pi r^2 L\sigma(r)$ である。定常流では M は r によって変化しないので，内筒に作用するトルクから応力 $\sigma(R_1)=M/2\pi R_1^2 L$ が求められる。

試料の回転角速度を $\omega(r)$ とすると，流動速度は $v=r\omega(r)$，速度勾配は $\dfrac{dv}{dr}=\omega+r\dfrac{d\omega}{dr}=\dfrac{v}{r}+r\dfrac{d\omega}{dr}$ である。形の変化を表すずり速度は，形に関係ない角速度を差し引いた量 $\dot{\gamma}(r)=dv/dr-v/r=rd\omega/dr$ であり，これは一様でない変形でひずみ速度が速度勾配と一致しない例である。試料の流れはトルク一様の条件で決まり，ニュートン液体では $r^3(d\omega/dr)=$ 一定．となるから，内筒上の応力 $\sigma(R_1)$ に対応するずり速度 $\dot{\gamma}(R_1)$ は，外筒の角速度 Ω から求められる（表3.1参照）。非ニュートン液体の速度分布は単純でなく，$\dot{\gamma}(R_1)$ を求める式の誘導はかなり難しい（Walters参照）。

平行円板形レオメーター

回転軸を z 軸とする円筒座標 (r,ϕ,z) を用い，静止円板を $z=0$ とし，回転円板 $(z=d)$ の角速度を Ω とする。試料の速度は $u(z)=rz\Omega/d$ で，r 方向には単なる回転でずり速度は 0，z 方向のずり速度は $\dot{\gamma}(r)=r\Omega/d=r\dot{\gamma}(R)/R$，$\dot{\gamma}(R)=R\Omega/d$ となり，中心からの距離 r に比例する。静止円板上の応力は r によって変化し，トルクは $M=\int_0^R 2\pi r^2\sigma(r)dr$ で与えられる。積分変数を r から $\dot{\gamma}(r)$ に変換して M を $\dot{\gamma}(R)$ で微分すると，$\dot{\gamma}(R)$ に対応する応力 $\sigma(R)$ が求められる（表3.1注参照）。

A3　ゴム弾性理論

高分子鎖の形と張力

　屈曲性高分子の模型として，長さ l の棒 n 個を一列につないで，連結点は自由に回転できるとする自由連結鎖を用いる。両端間距離を x としたとき可能な形の数 $W(x)$ はガウス関数に比例する。

$$W(x) \propto \exp\left(-\frac{3x^2}{2nl^2}\right) \tag{A3.1}$$

このような鎖をガウス鎖と呼ぶ。鎖は高度に屈曲していて，各部分の熱運動（ミクロブラウン運動）で絶えず形が変化している。

　熱運動によって鎖に発生する張力 Ψ はヘルムホルツの自由エネルギー $A=-TS+U$ から，$\Psi=-(\partial A/\partial x)_T$ により求められる。ガウス鎖では構成単位間に引力・斥力が作用しないから，内部エネルギー U は x によって変化しない。エントロピーは $S=k_B \ln W(x)$ を用いて求められる。ただし，k_B はボルツマン定数である。したがって，

$$\Psi = -\frac{3k_B T x}{nl^2} = -\frac{3k_B T x}{\langle R^2 \rangle} \tag{A3.2}$$

高分子鎖による応力

　x_2 軸に垂直な平面（$x_1 x_3$ 面，面積 S）に作用する力を求める。面を両端間距離 x の鎖が貫いているとし，鎖の一端を原点，他端を (x_1, x_2, x_3) とする。面の上側部分の鎖が下側を引っ張る力は

$$\boldsymbol{\Psi} = (\Psi_1, \Psi_2, \Psi_3) = \frac{3k_B T}{nl^2}(x_1, x_2, x_3) \tag{A3.3}$$

で与えられる。$x=(x_1^2+x_2^2+x_3^2)^{1/2}$ だから，(A3.2)と同じ式であるが，面の下側を引っ張る力を正とするので，符号が逆になる。

　面を貫く鎖の数は，側面が鎖に平行で底面積 S の斜面体の体積 $x_2 S$ と単位体積中の鎖の数 ν の積 $\nu x_2 S$ で与えられる。これを(A3.3)にかけて S で割れば，応力ベクトルが得られる。

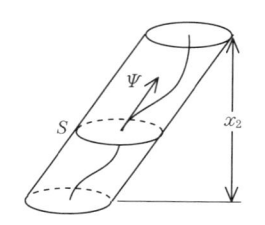

図 A 3.1 1本の高分子鎖によって生じる面Sの応力ベクトル Ψ

$$(\sigma_{21}, \sigma_{22}, \sigma_{23}) = \frac{3\nu k_B T}{nl^2}(\langle x_1 x_2 \rangle, \langle x_2^2 \rangle, \langle x_2 x_3 \rangle)$$

ただし，$\langle \cdots \rangle$ は統計的な平均値を表す．同様にして一般的に

$$\sigma_{ij} = \frac{3\nu k_B T}{nl^2}\langle x_i x_j \rangle \tag{A 3.4}$$

が得られ，鎖の形から応力が計算できる．この式の誘導には，ミクロブラウン運動が活発で，短時間に鎖はすべての可能な形をとると仮定している．橋架けゴムはこの条件を満たす例である．

橋架けゴムの応力と弾性率

ゴムは高分子鎖の間に橋架けして網目状にしたもので，流動しない弾性固体である．橋架け鎖の一端を原点とし，他端の座標を (x_{10}, x_{20}, x_{30}) とすると，ずりにより $(x_1, x_2, x_3) = (x_{10} + \gamma x_{20}, x_{20}, x_{30})$ へ移動する．変形前には，$\langle x_{20}^2 \rangle = \langle R^2 \rangle / 3 = nl^2/3$，$\langle x_{10} x_{20} \rangle = 0$ だから

$$\sigma_{12} = \frac{3\nu k_B T}{nl^2}\langle x_1 x_2 \rangle = \frac{3\nu k_B T}{nl^2}\langle (x_{10} + \gamma x_{20}) x_{20} \rangle = \nu k_B T \gamma$$

橋架け鎖の平均分子量 M_x を用いると $\nu = \rho N_A/M_x$ で，剛性率 G は

$$G = \nu k_B T = \frac{\rho R T}{M_x} \tag{A 3.5}$$

と表すことができる．同様にして次の結果が得られる．

$$\sigma_{12} = G\gamma, \quad \sigma_{11} - \sigma_{22} = G\gamma^2, \quad \sigma_{22} - \sigma_{33} = 0 \quad (ずり) \tag{A 3.6}$$

$$f = G(\lambda^2 - \lambda^{-1}) \quad (1軸伸長) \tag{A 3.7}$$

気体の圧力同様エントロピーによる弾性力で，絶対温度に比例する（第 9 章の「ゴムのエントロピー弾性」（165 頁）参照）。

レオロジーの用語解説

（本書中に関連記述のあるものは掲載頁を挙げた）

アインシュタインの粘性理論

　液体に球形粒子を分散させると，粘度の相対的増加は粒子の体積分率の 2.5 倍であるという理論（p. 51）。

圧力

　すべての方向の面に垂直に作用する応力。圧力による変形は**圧縮**，相対的体積変化は**体積ひずみ**，圧力/体積ひずみは**体積弾性率**，逆数は**圧縮率**（p. 38）。

アレニウスの式

　化学反応などの速度の温度依存性を表す $\exp(-E/RT)$ の形の式。液体の粘度の逆数（流動度）にも適用することができる（p. 26）。

一様変形

　変形の方向とひずみ量が場所によって変化しない変形（p. 40）。

液晶

　分子が結晶のように規則的に並んでいるけれども，一定方向には自由に動くことができる物質で，流動性のある液体である。（p. 28, p. 110）

永久ひずみ　→　回復性ひずみ

エネルギー弾性　→　エントロピー弾性

エマルション
　液体中に液体粒子が安定に分散している分散系（第7章）。

エレクトロ・レオロジー，ER　→　電気レオロジー

エントロピー弾性
　ゴム理論の弾性や理想気体の圧力のように，分子の熱運動に由来する弾性力で，絶対温度に比例する（p.165, p.186）。**エネルギー弾性**は原子間力による弾性力で，温度とともに減少する（p.23）。

オーダー・パラメーター
　液晶分子の配向の度合いを表すパラメーター（p.110）。

応力，応力ベクトル
　変形によって物体内部に生じる力（p.33, p.177）。物体中の適当な方向の面では接線応力成分が0になる。この面の法線方向を**応力主軸**と呼び，対応する法線応力値を**応力の主値**と呼ぶ（p.42）。

応力緩和
　一定変形下で，徐々に減少する応力を測定する粘弾性測定法（p.64）。

応力制御形レオメーター
　物質に加える力の大きさや時間変化を規定しておいて変形を測定するレオメーター。**ひずみ制御形レオメーター**では変形を与えて力を測定する（p.71）。

オストワルト流動
　凝集性粒子分散液体でよく見られる流動特性。定常ずり速度－応力関係図が逆S字形である（p.113）。

温度−周波数換算則

　主として高分子物質の動的粘弾性で温度変化と周波数変化の間に成立する対応関係．応力緩和やクリープの場合には**温度−時間換算則**が成立する．換算係数の温度変化は WLF 式で表される（p. 83）．

Cox–Merz 則

　高分子液体の定常流粘度と複素粘度の経験的な対応関係式（p. 93）．

回復性ひずみ

　弾性体や粘弾性体の変形後に，力を取り除いたとき弾性的に回復するひずみの部分 (p. 66)．塑性変形，粘性体や粘弾性液体の流動で生じる非回復性のひずみ部分は**永久ひずみ**と呼ばれる．

拡散

　粒子の空間分布が熱運動で均一化すること．応力の緩和速度は**拡散係数**と関係することが多い（p. 90，p. 105）．**回転拡散**は球形でない粒子の配向が熱運動によって均等化することで，配向によって生じる応力の緩和（**回転緩和**）速度は**回転拡散係数**に比例する（p. 108）．

カソンの式

　塑性流動を表すための応力−ずり速度関係式の一つ（p. 113）．

ガラス−ゴム転移（領域）

　特定の温度，周波数領域で，高分子の剛性率が 1 MPa 程度（**ゴム領域**）から 1 GPa 程度（**ガラス領域**）まで変化する現象（p. 83）．低周波数における転位の目安は**ガラス転移温度**で表される．

からみ合い

　高分子溶融体の粘弾性の起源に関する模型的考え方（第 5 章）．

完全流体
粘度が0の仮想的な流体（p. 61, p. 162）。

緩和剛性率，緩和ヤング率
応力緩和測定における応力とひずみの比（→ 弾性率；p. 64）。**緩和時間**は緩和速度を表すパラメーターで，**緩和時間の分布**は**緩和スペクトル**で表される（p. 75）。

擬塑性流動　→　塑性

キャピラリー数
液体中の液滴の流動による摩擦力と界面張力の比（p. 123）。

凝集
疎媒性粒子が液体中で結合すること。種々の大きさ・構造のクラスターを作り，系全体につながると流動性が失われて**凝集ゲル**になる（p. 111, p. 142）。

管模型（理論）
からみ合い高分子のレオロジーの分子理論。（p. 91）。

クリープ
一定応力下でひずみの時間変化を測定する粘弾性観測法。**クリープ・コンプライアンス**はひずみ/応力。途中で応力を0にすると**クリープ回復**が生じる（p. 64）。

ケモレオロジー
ゾル-ゲル変化，ゴムの熱分解などの化学反応の進行に付随するレオロジー的変化に関する研究分野。

ゲル

　液体を多量に含む物質が流動性を失った状態。網目構造が共有結合でできた**化学ゲル**，水素結合，非水結合，静電的結合などでできた**物理ゲル**，粒子の凝集による**凝集ゲル**がある。(p. 141)。液体（**ゾル**）が**ゲル化**する限界の**ゲル化臨界点**では興味深い種々の現象が観測される（p. 155）。

懸濁液

　固体粒子の分散系（第6章）。

剛性率

　ずり変形の場合の弾性率（p. 34）。

構造粘性

　分散系の凝集構造が流動で破壊することにより粘度が減少するという非ニュートン粘性の考え方（p. 113）。

高弾性

　弾性率が低く，可逆的で大きな弾性変形が可能なゴムなどの特性（p. 43）。

降伏値

　固体が破壊せずに可逆的な弾性変形が可能な応力の限界値（p. 114）。

ゴム状（平坦）領域　→　ガラス-ゴム転位領域

ゴム弾性（理論）

　ゴム特有の弾性挙動およびその統計力学理論（p. 44, p. 186）。

コロイド

　100 nm 以下の程度のブラウン運動する微粒子が分散した系（p. 99）。

サイコレオロジー
レオロジーと人間の感覚の関係に関する研究分野 (p. 12)。

サスペンション
固体粒子が分散した液体 (p. 99)。

シグマ現象
赤血球が血管壁を離れて血管の中央を流動する現象 (p. 10)。

時効
金属などが硬化する現象。時間とともに硬化する自然時効、変形による加工時効がある (p. 160)。

ジュール効果
伸長ゴムの断熱的な収縮により温度が低下する現象 (p. 166)。

瞬間コンプライアンス
応力を加えた瞬間に生じるひずみと応力の比。逆数は**瞬間弾性率** (p. 67)。

純粋変形
回転を伴わない伸長変形。**純粋ずり**は1軸拘束2軸伸長 (p. 40)。

伸長 (変形)
一般的には直交する3方向へそれぞれ λ_1, λ_2, λ_3 倍伸長する3軸伸長であるが、1方向へ λ 倍伸長する1軸伸長のことが多い。**伸長ひずみ**は $\varepsilon = \lambda - 1$(微小変形) あるいは**ヘンキーひずみ** $\varepsilon_H = \ln \lambda$ で表される (p. 37)。固体の一定変形で張力/ε は**伸長弾性率 (ヤング率)**、液体の一定ひずみ速度の伸長で張力/ひずみ速度は**伸長粘度 (トルートン粘度)** である (p. 52)。

スケーリング理論

長さや時間などのスケールを変更することによって生じる物性の変化を推測する理論的手法。臨界現象などで有力である。

ストークスの式

流体中を移動する球に作用する力と速度の関係式（p.51）。

ストレス・オーバーシュート

高分子液体を一定ずり速度で流動させたとき，応力が定常値になる前に一度極大を経る非線形レオロジー現象（p.93）。

接線応力

物質内部の面に平行な応力ベクトルの成分（p.42）。

ずり（変形，流動）

トランプをずらせるような変形（流動）。**ずりひずみ量（ずり速度）** は移動量（速度）の勾配で表す（p.39，p.53）。**ずり応力**/ひずみ量は**ずり弾性率**（あるいは剛性率，p.34），ずり応力/ずり速度は粘度である（p.49）。

ゼロずり粘度，ゼロせん断粘度

ずり速度0の極限における定常流粘度（p.55）。

線形粘弾性

ひずみと応力が線形関係を満たす場合のレオロジー現象（第4章）。

層流　→　レイノルズ数

塑性

一定の応力（降伏値）以下では弾性体，以上では流動性を示す物質特性。流

動領域（**塑性流動**）の応力増分/ずり速度増分は**塑性粘度**。塑性粘度一定と単純化した場合は**ビンガム塑性**。観測応力範囲で明確な降伏値が検出できないが，応力-ひずみ速度関係が塑性流動に似ている流動特性は**擬塑性流動**と呼ばれる（p. 113）。

ゾル　→　ゲル

損失剛性率，損失コンプライアンス，損失正接　→　動的粘弾性関数（p. 70 表 4.4）。

depletion 凝集
　元来凝集しない親媒性粒子分散液体に，粒子に吸着しない高分子を加えたときに生じる粒子の凝集（p. 118）。

DLVO 理論
　液体中の分散粒子間の静電力を表す理論（p. 100）。

体積ひずみ，体積弾性率　→　圧力

第 2 平坦領域
　高分子-粒子分散系の長時間緩和時間で生じる弾性領域（p. 116）。

ダイ・スウェル
　管から流出する粘弾性液体の径の膨らみ（バラス効果；p. 168）。

ダイラタンシー
　液体を含む粒子系に力を加えると固くなって流動性を失う現象。**ダイラタント流動**は力により液体粘度が増加すること（p. 106，p. 171）。

ダッシュポット
　粘弾性の力学模型に用いる粘性要素（p. 67）。

単純ずり
　ずりに同じ。純粋ずりと特に区別するときに用いる用語。

弾性
　力を加えると変形し，力を除くと元に戻る固体の特性(p. 34)。永久ひずみが生じない最大応力は**弾性限界**，応力/ひずみは**弾性率**（ずりひずみでは剛性率，伸長ではヤング率）。**フック弾性**は弾性率がひずみで変化しない場合で，微小変形に適用できる。フックの法則の成立する最大応力は**比例限界**。

遅延弾性
　粘弾性体のクリープで弾性ひずみが遅れて生じること。遅れの程度は**遅延時間**で，**遅延時間の分布**は**遅延スペクトル**で表される（p. 65, p. 75）。

チクソトロピー
　撹拌，振動などでゲルがゾル化（流動化）すること。**チクソトロピー流動**は撹拌，振動などによる液体の粘度低下（p. 113, p. 170）。

貯蔵剛性率，貯蔵コンプライアンス　→　動的粘弾性関数（p. 70 表 4.4）

定常コンプライアンス
　粘弾性液体の貯蔵コンプライアンスの周波数 0 の極限値（p. 66）。

定常流粘度
　定常流動状態における応力とひずみ速度の比（p. 54）。

転位
　結晶欠陥の種類。塑性変形の主な起源（p.23）。

電気レオロジー
　電圧によって粘度などのレオロジー特性が変化する現象。**電気粘性効果**はイオンの電気泳動の際の抵抗に関することで，無関係（p.118）。

動的粘弾性
　振動変形による粘弾性の観測法。**動的粘度**その他の**動的粘弾性関数**が定義される（p.70 表4.4）。

トムズ効果　→　乱流抑制効果

ドメイン
　均一相でない液晶（p.110）やブロック共重合体（p.137）を構成する均一な微小相領域。　→　ミクロ相分離

トルートン粘度
　粘性液体の1軸伸長流動粘度。ずり粘度の3倍に等しい（p.52）。

ナビエ・ストークスの方程式
　ニュートン液体の性質とニュートンの運動法則を組み合わせた流体力学の基礎方程式（p.61）。

ニュートン液体
　応力とひずみ速度が比例する液体で，比例係数は粘度。ニュートン液体以外の液体のゼロずり定常流粘度をニュートン粘度と呼ぶこともある（p.49, p.58）。

ネオ・フック弾性
　高弾性の一種でゴム弾性理論から導かれる（p. 44，p. 187）。

熱可塑性
　昇温で可逆的に軟化して成形加工することができるプラスチックの性質。高温で化学反応によって硬化する**熱硬化性**の樹脂や接着剤もある。

粘性
　流動抵抗がひずみ速度で決まる液体の特性。**粘度**は応力/ずり速度として純粘性の液体で定義されたが，一般的液体の定常流でも用いられる（p. 49，p. 54）。

粘弾性
　応力緩和やクリープ現象を示す物質特性。長時間の挙動により，**粘弾性液体**，**粘弾性固体**に分類される（第4章）。

Hamaker の理論
　液体中の分散粒子間のファンデルワールス力の理論（p. 100）。

Palierne の理論
　変形する球形粒子の分散系の粘弾性理論（p. 124）。

バイオレオロジー
　生物，生体に関するレオロジー分野（p. 10）。

破壊
　固体が壊れること。高温でゆっくり進行する延性破壊，低温で衝撃により破壊する脆性破壊，繰り返し変形による疲労破壊などがある（p. 77）。

ハーゲン・ポアズイユの法則
円管中の液体の流量と圧力の関係則 (p. 50, p. 183)。

バラス効果
管から流出する粘弾性液体の径の膨らみ (ダイ・スウェル；p. 168)。

光弾性
固体の変形により複屈折が生じる現象。複屈折量/応力は**光弾性係数**(p. 47)。**流動複屈折**は液体の流動によって複屈折が生じる現象 (p. 60)。

ひずみ (量，速度)
物体の大きさに関係しない相対的変形量 (速度) (p. 36)。**ひずみ楕円体**は一様変形によって物体とともに変形する単位円からできる楕円体で，主軸は**ひずみの主軸**，主軸の長さは**ひずみの主値**と呼ばれる (p. 36, p. 39)。

ひずみ制御形レオメーター　→　応力制御形レオメーター

非線形レオロジー
線形刺激応答関係を満たさないひずみ-応力関係 (p. 80)。線形粘弾性の拡張である**非線形粘弾性**はその一例 (p. 92)。

非ニュートン粘性
定常流粘度がずり速度で変化する**非ニュートン液体**の特性 (p. 55)。

疲労
繰り返し変形による材料特性の低下。**疲労破壊**に至ることもある。

ビンガム塑性 (流動)　→　塑性

複素粘度
　動的粘弾性関数（p. 70 表 4.4）。定常流粘度予測に用いられる（p. 93）。

フォークト・ケルビン模型
　粘弾性固体の力学模型（p. 68）。

フック弾性　→　弾性

ブロック共重合体
　2種以上の高分子の鎖が結合してできた高分子（p. 136）。

分散系
　連続相（**分散媒**）中に不連続相（**分散質**）を含む複合系（第7，8章）。

粉体
　固体微粒子の集合体で，種々のレオロジー特性を示す（p. 30）。

平衡コンプライアンス
　粘弾性固体の平衡状態におけるひずみ/応力。逆数は**平衡弾性率**（p. 65）。

べき乗則
　変数のべき乗 x^n の形で表されるレオロジー特性。非ニュートン粘度とずり速度（p. 57），貯蔵（損失）剛性率と周波数の関係（p. 79）などで見られる。

ペクレ数
　液体中の球形コロイド粒子の拡散の特性時間（p. 105）。

ベシクル　→　ミクロ相分離構造

ヘモレオロジー
血液に関するレオロジーの分野（p. 10）。

ベルヌーイの定理
粘性のない完全流体の流速と圧力の関係の定理（p. 162）。

ヘンキーひずみ
伸長ひずみ量の表し方の一つ（p. 37）。

変形（量，速度）
物体の形の変化の様子を表す。物質のレオロジー特性は相対的変形に関するひずみ，ひずみ速度などで表される（p. 36）。

ポアソン比
固体の1軸伸長における横方向の収縮ひずみ/伸長ひずみ（p. 38）。伸長による体積変化を表し，0.5の場合は体積変化が生じない。

ポインティング効果
高弾性体をねじると伸びる現象（p. 45, p. 166）。

フォーゲルの式
ガラス化する液体の粘度の温度変化を表す式（p. 27）。

膨潤
網目構造物質が液体を吸収して膨らむこと（p. 148）。

法線応力
物質内部の面に垂直な応力ベクトル成分。ずり変形の場合，物質の移動方向の法線応力が大きいときはワイセンベルグ効果やポインティング効果などの**法**

線応力効果が生じる（p. 59）。

ボルツマンの重畳原理
粘弾性に関する線形の刺激-応答関係（p. 72）。

マクスウェル模型
粘弾性液体の最も単純な力学模型（p. 68）。

末端流動領域
高分子粘弾性で，流動挙動を示す高温，低周波数領域（p. 86）。

ミクロ相分離構造
溶液中の界面活性剤の集合体であるミセルやブロック共重合体の微視的な相分離構造。球形，棒形，ひも状，層状のラメラ，シャボン玉あるいはタマネギ形のベシクルなどがある（p. 131, p. 137）。

ミクロブラウン運動
高分子鎖に変形の自由度があるために生じる，局所的熱運動。分子全体としての（重心の）熱運動は**マクロブラウン運動**（p. 29, p. 185）。

ミセル → ミクロ相分離構造

ヤング率
1軸伸長の弾性率（p. 38）。

ラメラ → ミクロ相分離構造

乱流 → レイノルズ数
液体中の微量の高分子により乱流が生じにくくなって流動抵抗が低下する効

果は**乱流抑制効果**（トムズ効果，drag reduction；p. 62）。

理想弾性体

ひずみと応力が常に1対1対応する弾性体（p. 33）。

流動

流体の連続的変形。**流体力学**は流動に関する研究分野（p. 61）。

流動硬化

変形速度の増加で粘性抵抗が増加する流体の特性（p. 97, p. 106）。

流動複屈折　→　光弾性

臨界現象

気体-液体の相転移，磁性体などの臨界点で共通的に現れる物理的特性。ゲル化臨界点でも類似の関係が成立することが期待されている（p. 157）。

レイノルズ数

流体の慣性力/粘性力を表す無次元量。1000程度以上で，流体力学方程式に従う規則的な流れ（**層流**）から無秩序な渦を伴う**乱流**になる（p. 61）。

レオペクシー

チクソトロピーでゾル化した系のゲルへの回復が振動や撹拌で促進される現象。チクソトロピー流動で粘度の低下した液体の粘度の回復の促進は**レオペクシー流動**（p. 114）。

レオメーター

レオロジー測定装置（p. 55, p. 182）。

WLF 式 → 温度-周波数換算則（p. 84）

ワイセンベルグ効果

粘弾性液体が回転する棒に巻き上がる現象（p. 168）。

参考文献

＜一般的・初等的参考図書＞
- 岡小天編著，レオロジー入門，工業調査会，1970
- 中川鶴太郎，レオロジー（第2版），岩波書店，1978
- 日本レオロジー学会編，講座・レオロジー，高分子刊行会，1992
- 尾崎邦宏，キッチンで体験レオロジー，裳華房，1996
- H. A. Barnes, J. F. Hutton and K. Walters, An Introduction to Rheology, Elsevier, Amsterdam, 1989
- レオロジー現象の写真集：D. V. Boger and K. Walters, Rheological Phenomena in Focus, Elsevier, Amsterdam, 1993

＜本書で参考にした各論的な図書＞
- レオロジーの歴史：R. I. Tanner and K. Walters, Rheology: An Historical Perspective, Elsevier, Amsterdam, 1998
- レオロジー測定法：K. Walters, Rheometry, Chapman and Hall, London, 1975
- 松本孝芳，分散系のレオロジー，高分子刊行会，1997
- 荻野一善，長田義仁，伏見隆夫，山内愛造，ゲル，産業図書，1991
- ゴムとゲルの特性，ゴム弾性理論：L. R. G. Treloar, The Physics of Rubber Elasticity, 3rd ed., Clarendon Press, Oxford, 1975
- ゴム弾性理論：久保亮五，ゴム弾性（初版復刻板），裳華房，1996
- 高分子，ゲルの粘弾性：J. D. Ferry, Viscoelastic Properties of Polymers, 3rd ed., John Wiley & Sons, 1980
- 高分子レオロジー，棒形粒子分散系の理論：M. Doi and S. F. Edwards, The Theory of Polymer Dynamics, Clarendon Press, Oxford, 1986
- 高分子レオロジー特性と成形加工：R. G. Larson, Constitutive Equations for Polymer Melts and Solutions, Butterworths, Boston, 1988
- レオロジーの種々の分野の高度な解説：日本レオロジー学会誌，Vol. 31, No. 1, pp. 1-67, 2003
- 土井正男，ソフトマター物理学入門，岩波書店，2010
- W. W. Graessley, Polymeric Liquids & Networks: Dynamics and Rheology, Garland Science, New York, 2008

索　引

あ，ア

アイオノマー ……………………………143
アイリングの理論 ………………………27
アインシュタインの粘度式 ……………51
アクチュエーター ………………………173
圧縮大変形 ………………………………154
圧縮率 ……………………………………38
アルカリガラス …………………………22, 161
アルダー転位 ……………………………103, 106
アレニウスの式 …………………………26
イオン結晶 ………………………………22
1軸圧縮 …………………………………38
1軸拘束伸長 ……………………………39
1軸伸長 …………………………………38
一様変形 …………………………………40
釉薬 ………………………………………160
運動粘度 …………………………………50
液晶 ………………………………………28
液晶紡糸 …………………………………111
液体混合物 ………………………………120
液滴分散系 ………………………………124
エマルション ……………………120, 127, 129, 172
エマルション塗料 ………………………14
円管流動法 ………………………………55, 182
円錐-円板形レオメーター ……………56
延性破壊 …………………………………77
塩析 ………………………………………101
エントロピー弾性 ………………………165
応力 ………………………………………36, 177
応力緩和 …………………………………63
応力主軸 …………………………………42, 48
応力制御形レオメーター ………………114
応力テンソル ……………………………181
応力による膨潤 …………………………149
応力の主値 ………………………………42
応力ベクトル ……………………………40, 178

か，カ

オーダー・パラメーター ………………110
オストワルト流動 ………………………112, 113
温度―周波数換算則 ……………………83
回転拡散係数 ……………………………108
回転熱運動 ………………………………108
回転レオメーター ………………………55, 71
回復性ひずみ ……………………………66
界面活性剤 ………………101, 120, 127, 131
ガウス鎖 …………………………………185
化学ゲル …………………………………141
架橋凝集 …………………………………117
拡散係数 …………………………………90
加工時効 …………………………………160
カゼイン …………………………………172
カソン流動 ………………………………113
硬い斥力ポテンシャル …………………99
可溶化 ……………………………………132, 137
ガラス―ゴム転移 ………………………77
ガラス―ゴム転移領域 …………………83
ガラス状態 ………………………………27
ガラスの流動 ……………………………161
ガラス領域 ………………………………83
からみ合い ………………………………89
からみ合い剛性率 ………………………87
からみ合い分子量 ………………………86, 87
加硫 ………………………………………165
過冷却液体 ………………………………27
換算因子 …………………………………84
完全流体 …………………………………61
寒天 ………………………………………174
管模型理論 ………………………………90
緩和剛性率 ………………………………64
緩和時間 …………………………………65, 70
緩和スペクトル …………………………75
擬ゴム状剛性率 …………………………87

キサンタン	153
擬塑性	131
擬塑性流動	113, 129, 130, 140
キャピラリー数	123
吸収	76
強化ガラス	162
凝集	101, 111, 172
凝集ゲル	141
巨視的な軟らかさ	30
巨視的レオロジー現象	30
金属結晶	21
クラスター	111, 155
グラフト共重合体	137
グリース	120
クリープ	63, 114
クリープ回復	64, 66
クリープ・コンプライアンス	64
クリーム	120, 130
グルテン	172
血液	10
結晶欠陥と転位線	23
ゲル	141
ゲル化	113
ゲル化臨界点	155
ゲルの強度	154
ゲルの相転位	151
ゲルの長時間緩和	145
懸濁液	99
工学応力	36
鉱宰	161
剛性率	34
構造粘性	113
高弾性	44, 143
降伏値	115, 140
高分子ミセル	137
高分子溶液	127
コーシー・テンソル	181
ゴム状平坦領域	83
ゴム弾性理論	44, 185
ゴム領域	83
コロイド	99
コンクリート	14

さ, サ

サイコレオロジー	12
座屈	160
サスペンション	99
ザンサン	153
3軸伸長	36
シグマ現象	10
時効	160
自己相似性	155
磁性流体	118
自然時効	160
シフトファクター	84
自由体積理論	27
ジュール効果	166
瞬間剛性率	65
瞬間コンプライアンス	65
準希薄状態	109
準希薄領域	88
純粋ずり	40
純粋ずり流動	54
純粋変形	40
焼結	160
消光角	48
食品ゲル	151, 174
食品レオロジー	13
シリパテ	162
伸長弾性率	34
伸長粘度	52
伸長比	36
伸長ひずみ	37
伸長ひずみ速度	52
伸長流動	96
浸透圧	148
親媒性	102
水性ゲル	154
水中油滴形	128
スケーリング理論	157
ストークスの式	51
ストレス・オーバーシュート	93
スライム	147, 167
ずり	39

ずり速度	53
ずり弾性率	34
ずり変形	39
ずり流動	53
成形加工	15
制振材料	77
脆性破壊	77
石英ガラス	22
セグメント	85
赤血球	126
接線応力	42
ゼラチン	174
セラミック	160
ゼロずり粘度	55, 57
ゼロせん断粘度	55
塑性粘度	113
塑性変形	22, 43, 160
塑性流動	113
疎な凝集体	111
疎媒性	102
疎媒性の分散系	111
ソフトセグメント	138
ソフトマテリアル	17
ゾル	141
ゾル化	114
損失剛性率	70, 82
損失コンプライアンス	70
損失正接	70

た，タ

第1ニュートン粘度	112
第1ニュートン領域	57
第1法線応力差	45, 59, 92
耐衝撃性ポリスチレン	137
ダイスウェル	59, 168
体積弾性率	38
体積ひずみ	38
第2ニュートン粘度	58, 112
第2ニュートン領域	58
第2平坦領域	116, 139
第2法線応力差	45, 59
大変形の弾性理論	179

ダイラタンシー	106, 171
ダイラタント流動	106, 114
ダッシュポット	67
多分岐点高分子	96
単一緩和	78
単純伸長	38
単純ずり	39
弾性体粒子分散系	126
ダンピング関数	93
遅延時間	65
遅延スペクトル	75
遅延弾性変形	65
チクソトロピー	113, 170
チクソトロピー流動	114
超強力・高弾性率の繊維	111
貯蔵剛性率	70, 82
貯蔵コンプライアンス	70
定常コンプライアンス	66, 79
定常流	54
定常流緩和時間	79
定常流粘度	54, 57
ディレクター	110
デバイ長さ	101
デバイ・ポテンシャル	100
テレケリック・アイオノマー	147
電解質高分子のゲル	174
電気2重層	100
電気粘性効果	118
電気レオロジー	118
テンソル	181
天然高分子のゲル	142
澱粉ゲル	152
澱粉粒子	171
動的粘弾性	69
動的粘度	70
等2軸伸長	38
トムズ効果	62
ドメイン	110
トルートン粘度	52

な，ナ

ナビエ-ストークスの方程式	61

生ゴム	165
2重円筒形レオメーター	55, 184
日本レオロジー学会	19
ニュートン液体	49, 54
ニュートン粘度	54
ネオ・フック弾性	44, 180
熱可塑性エラストマー	138, 143
熱弾性	166
ネマチック液晶	110
粘性液体	49
粘弾性液体	65, 78
粘弾性固体	64, 76
粘度	49
粘土	170
粘度減衰関数	71
粘度成長関数	71
粘度測定	182

は, ハ

ハーゲン・ポアズイユの式	50, 183
パーコレーション	157
ハードセグメント	138
バイオレオロジー	10
バグレイ・プロット法	184
破断	160
波動	36
バラス効果	59, 168
光弾性	47
ひずみ	36
ひずみエネルギー関数	180
ひずみ主軸	36
ひずみ制御法	72
ひずみ楕円体	36, 39
ひずみテンソル	181
非線形粘弾性	80, 92
非線形レオロジー	80
非ニュートン液体	55
非ニュートン粘度	55
ひも状ミセル	132
表面張力	123, 169
ビンガム流動	106, 113, 131
ファンデルワールス力	100, 169
フィンガー・テンソル	181
フォークト・ケルビン模型	67
フォーゲルの式	26, 84
複屈折	46
複合液滴	128
複素粘度	70
フックの法則	34
物理ゲル	141, 151
フラクタル	155, 157
ブロー成形	15
ブロック共重合体	136
分散	76
分散安定化	137
分散質	102
分散性制御	117, 172
分散媒	102
分子結晶	21, 25
分子集合体	131
平行円板形レオメーター	56, 184
平衡剛性率	64, 65
平衡コンプライアンス	64
平坦剛性率	87
べき乗則	57, 79
ベシクル	132, 134
ヘモレオロジー	10
ヘリックス	143
ベルヌーイの定理	162
ヘンキーひずみ	37
変形	36
ポアソン比	34, 38
ボイルの法則	38
ポインティング効果	46, 166
棒形粒子の希薄分散系	107
棒形粒子の無秩序分散系	108
膨潤	148
膨潤による応力緩和	149
棒状粒子の規則的配列	109
防振ゴム	164
法線応力	42
法線応力効果	59, 168
法線応力差	45
ボーリング・マッド	170

星形分岐高分子 …………………………… 96
ボルツマンの重畳原理 …………………… 73

ま，マ

マクスウェル模型 ………………………… 68
マクロブラウン運動 ……………………… 29
マトリクス ……………………………… 137
マヨネーズ ……………………………… 173
マルチブロック共重合体 ……………… 138
ミクロ相分離 ……………………… 137, 143
ミクロブラウン運動 ……………………… 29
ミセル …………………………………… 131
密な凝集 ………………………………… 111
ムーニー・リブリンの式 ………………… 45
無秩序分散系 …………………………… 104
免震効果 ………………………………… 35

や，ヤ

軟らか物質 ………………………………… 21
ヤング率 …………………………… 34, 38
有限寿命の網目 …………………… 147, 167
融剤 ……………………………………… 161
油中水滴形 ……………………………… 128
溶液架橋 ………………………………… 144
揚力 ……………………………………… 162

ら，ラ

落球法 ……………………………………… 55
ラテックス ……………………………… 165
ラメラ …………………………… 132, 138
ラメラ状ミセル ………………………… 134
乱流 ………………………………………… 61
乱流抑制効果 ……………………………… 62
力学的損失 …………………………… 71, 76
リサージュ図形 …………………… 116, 140

理想弾性体 ………………………………… 33
立体効果による分散化 ………………… 117
リポソーム ……………………………… 132
流動 ………………………………………… 49
流動硬化 ……………………… 97, 127, 148, 167
流動による膨潤 ………………………… 150
流動ひずみ ………………………………… 66
流動領域 …………………………………… 83
流変学 ……………………………………… 19
臨界現象 ………………………………… 157
臨界指数 ………………………………… 157
臨界ミセル濃度 ………………………… 131
レイノルズ数 ……………………………… 62
レオペクシー …………………………… 114
レオペクシー流動 ……………………… 114
レオメーター ……………………… 55, 182

わ，ワ

ワイセンベルグ効果 ……………… 59, 168
ワセリン ………………………………… 131
ワックス ………………………………… 131

英字

BKZ 構成方程式 ………………………… 96
Cox-Merz 則 ……………………………… 93
depletion 凝集 …………………………… 118
DLVO 理論 ………………………… 100, 111
egg box ………………………………… 143
ER 流体 ………………………………… 118
Hamaker 定数 …………………………… 100
Palierne の理論 ………………………… 124
PVA-硼酸系 …………………………… 148
reptation 理論 …………………………… 90
The Society of Rheology ………………… 19
WLF 式 …………………………………… 84

著者略歴

尾崎　邦宏（おさき・くにひろ）
1961 年　京都大学工学部工業化学科卒業
1966 年　京都大学大学院工学研究科博士課程修了
1966 年　京都大学助手
1988 年　京都大学教授
2002 年　京都大学定年退官
2002 年　京都大学名誉教授
　　　　　現在に至る　工学博士（京都大学）
日本レオロジー学会会長，材料学会副会長など歴任
専門：高分子物理化学，レオロジー

レオロジーの世界　　　　　　　　　　　　© 尾崎邦宏　2011

2011 年 3 月 28 日　第 1 版第 1 刷発行　　【本書の無断転載を禁ず】
2024 年 9 月 30 日　第 1 版第 4 刷発行

著　　者　尾崎邦宏
発 行 者　森北博巳
発 行 所　森北出版株式会社
　　　　　東京都千代田区富士見 1-4-11　（〒102-0071）
　　　　　電話　03-3265-8341／FAX 03-3264-8709
　　　　　http://www.morikita.co.jp/
　　　　　日本書籍出版協会・自然科学書協会　会員
　　　　　JCOPY ＜(社)出版者著作権管理機構　委託出版物＞

落丁・乱丁本はお取替えいたします　　印刷／中央印刷・製本／ブックアート

Printed in Japan／ISBN978-4-627-24161-9